BestMasters

Mit **„BestMasters“** zeichnet Springer die besten Masterarbeiten aus, die an renommierten Hochschulen in Deutschland, Österreich und der Schweiz entstanden sind. Die mit Höchstnote ausgezeichneten Arbeiten wurden durch Gutachter zur Veröffentlichung empfohlen und behandeln aktuelle Themen aus unterschiedlichen Fachgebieten der Naturwissenschaften, Psychologie, Technik und Wirtschaftswissenschaften. Die Reihe wendet sich an Praktiker und Wissenschaftler gleichermaßen und soll insbesondere auch Nachwuchswissenschaftlern Orientierung geben.

Springer awards **“BestMasters”** to the best master’s theses which have been completed at renowned Universities in Germany, Austria, and Switzerland. The studies received highest marks and were recommended for publication by supervisors. They address current issues from various fields of research in natural sciences, psychology, technology, and economics. The series addresses practitioners as well as scientists and, in particular, offers guidance for early stage researchers.

Alexander F. Flohr

Die Glaubwürdigkeitskrise der Wissenschaft aus Sicht der sozialen Erkenntnistheorie

Alexander F. Flohr
Philosophisches Seminar
Universität Münster
Bremen, Deutschland

ISSN 2625-3577 ISSN 2625-3615 (electronic)
BestMasters
ISBN 978-3-658-46983-2 ISBN 978-3-658-46984-9 (eBook)
https://doi.org/10.1007/978-3-658-46984-9

Die Deutsche Nationalbibliothek verzeichnet diese Publikation in der Deutschen Nationalbibliografie; detaillierte bibliografische Daten sind im Internet über https://portal.dnb.de abrufbar.

Planung/Lektorat: Daniel Rost
Springer VS ist ein Imprint der eingetragenen Gesellschaft Springer Fachmedien Wiesbaden GmbH und ist ein Teil von Springer Nature.
Die Anschrift der Gesellschaft ist: Abraham-Lincoln-Str. 46, 65189 Wiesbaden, Germany

Geleitwort

Die von uns betreute Master-Arbeit von Alexander Flohr behandelt ein Thema an der Schnittstelle von Wissenschaftsphilosophie, sozialer Erkenntnistheorie und Psychologie: Es geht um die gegenwärtige Glaubwürdigkeitskrise der Wissenschaft. In aktuellen Krisen wie dem Klimawandel oder der COVID-19-Pandemie werden die Auswirkungen des Vertrauensverlusts und der Verunsicherung auf der gesellschaftlichen Ebene spürbar. Die Folgen reichen von einem Misstrauen, das auf bloßen Mutmaßungen beruht, über verschiedenartige kognitive Verzerrungen (*biases*) bis zu strategisch eingesetzter Wissenschaftskepsis und zu Verschwörungsglauben.

Die Glaubwürdigkeitskrise ist dabei nicht primär Ausdruck eines epistemischen Problems, das sich in einer mangelnden Reliabilität oder Konsensfähigkeit wissenschaftlicher Arbeit manifestieren würde. Vielmehr hat sie ihre Wurzeln in den sozialen Dimensionen des Wissenschaftsbetriebs und den vielfältigen Berührungspunkten von Wissenschaft und Gesellschaft. Durch die Erarbeitung eines theoretischen Rahmens aus der sozialen Erkenntnistheorie und unter Berücksichtigung aktueller psychologischer Forschungen rückt Herr Flohr die soziale Verankerung der Wissenschaft in der Gesellschaft in den Blick. Als aktuelles Fallbeispiel hat Herr Flohr die COVID-19-Pandemie ausgewählt. Wie er betont, haben jedoch nicht nur Virologen und Epidemiologen, sondern auch Klimaforscher, Pharmakologen und die Vertreter der evidenzbasierten Medizin mit den Auswirkungen des Vertrauensverlustes zu kämpfen.

Das methodische Ziel der Arbeit ist es, einen allgemeinen theoretischen Rahmen zu entwickeln, der zur Analyse, Diagnose und „Therapie" konkreter Beispiele für Glaubwürdigkeitskrisen zwischen der Gesellschaft und der

Wissenschaft verwendet werden kann. Das inhaltliche Ziel ist die Bildung und Verteidigung von plausiblen Hypothesen über die Ursachen der aktuellen Glaubwürdigkeitskrisen. Mithilfe des erarbeiteten Instrumentariums gelingt es Herrn Flohr plausible Erklärungshypothesen zu zahlreichen Spezifika der Glaubwürdigkeitskrise im Kontext der COVID-19-Pandemie vorzuschlagen, an die weiterführende Untersuchungen und Diskussionen anschließen können.

Dem Verlag *Springer Nature* ist für die Initiative zu danken, ausgezeichnete Master-Arbeiten in einer eigenen Buchreihe zu publizieren. Mögen die ersten gedruckten Arbeiten Ermutigung und Ansporn für nachfolgende Studierende sein. Der Universität Münster und dem Philosophischen Seminar danken wir für vielfältige Unterstützung.

Prof. Dr. Oliver R. Scholz
Prof. Dr. Ulrich Krohs
Philosophisches Seminar der
Universität Münster
Münster, Deutschland

Danksagung

Ich möchte der Universität Münster meinen aufrichtigen Dank für die Unterstützung während meiner Masterarbeit aussprechen. Die mir zur Verfügung gestellten Ressourcen und das akademische Umfeld waren entscheidend für den erfolgreichen Abschluss meiner Forschung. Sie haben es mir ermöglicht, meine Arbeit auf diese Weise zu veröffentlichen.

Ein besonderer Dank gilt meinen beiden Betreuern, Herrn Oliver R. Scholz und Herrn Ulrich Krohs, deren fachliche Anleitung und konstruktive Kritik mir geholfen haben, meine Arbeit auf das erzielte Niveau zu heben.

Einleitung

Wissenschaft und Gesellschaft befinden sich seit jeher in einem Verhältnis gegenseitiger Abhängigkeit. WissenschaftlerInnen sind darauf angewiesen, in Gesellschaften eingebettet zu sein, die die epistemische Funktion der Wissenschaft anerkennen, während Gesellschaften im Gegenzug darauf vertrauen, u. a. durch wissenschaftliche Entwicklungen Lösungen für alte und neue Probleme zu erhalten. Das Vertrauens- und Abhängigkeitsverhältnis von Wissenschaft und Gesellschaft unterlag jedoch zu allen Zeiten Veränderungen. WissenschaftlerInnen sahen sich immer wieder außerwissenschaftlicher Kritik und Repressionen vonseiten der Gesellschaft und Kirche ausgesetzt – Angriffe auf die Glaubwürdigkeit der Wissenschaft sind keine Neuheit. Unter der Voraussetzung, dass die Wissenschaften im Allgemeinen verlässliches Wissen hervorbringen können, ist Vertrauen in die wissenschaftliche Forschung für die minimale Rationalität einer Gesellschaft erforderlich, die ihre Ziele und ihr Handeln am besten verfügbaren Wissen ausrichten will. Ähnlich dem Vertrauen in gesellschaftliche Institutionen der Rechtssicherheit, der prozeduralen Legitimität politischer Entscheidungsprozesse oder der Pressefreiheit sind vertrauenswürdige Institutionen der Wissensproduktion und -vermittlung für Demokratien von zentraler Bedeutung.

WissenschaftlerInnen werden von einem kleinen Teil der deutschen Bevölkerung (6 %) als *nicht vertrauenswürdig* eingeschätzt und ein deutlich größerer Teil der Bevölkerung (32 %) ist sich *unsicher*, ob sie den Aussagen von WissenschaftlerInnen vertrauen können (Kantar Emnid 2021). Insbesondere Forschung mit starkem Bezug zur Lebenswelt sieht sich dem Vorwurf ausgesetzt, von Politik und Wirtschaft instrumentalisiert zu werden und keine verlässlichen Empfehlungen zu liefern. Während theoretische PhysikerInnen, HistorikerInnen und analytische PhilosophInnen also weitgehend unbehelligt von solchen Vorwürfen arbeiten können, haben ForscherInnen in den Bereichen der Klimatologie, Pharmakologie, evidenzbasierten Medizin und – aus aktuellem Anlass – auch der Epidemiologie und Virologie mit unterschiedlichen Auswirkungen des Vertrauensverlusts zu kämpfen.

Aktuelle Krisen wie der Klimawandel oder die COVID-19-Pandemie verdeutlichen das Ausmaß der Glaubwürdigkeitskrise der Wissenschaft, da die Auswirkungen von Misstrauen und Verunsicherung auf gesellschaftlicher Ebene spürbar werden: Während der COVID-19-Pandemie ignorierte ein nicht unerheblicher Teil der Bevölkerung wissenschaftliche Empfehlungen, sprach ausgewiesenen ExpertInnen ihre Expertise ab und wandte sich stattdessen hilfesuchend an meinungsstarke Nicht-ExpertInnen. Personen mit skeptischer Haltung lehnten den Selbst- und Fremdschutz des Maskentragens, des Abstandhaltens und der Impfungen ab und gefährdeten auf diese Weise gesundheitlich vulnerable Bevölkerungsgruppen. Misstrauen und Unmut kamen des Weiteren auf vielzähligen Demonstrationen und Protesten gegen gesundheitliche Vorsorge sowie in neu gegründeten politischen Bewegungen und Parteien zum Ausdruck. Im Extremfall sahen sich KritikerInnen politischer Maßnahmen und der Gesundheitsvorsorge gezwungen, in osteuropäische und südamerikanische Länder auszuwandern, um diesen Freiheitsbeschränkungen vermeintlich zu entgehen.

Die Glaubwürdigkeitskrise ist jedoch nicht primär Ausdruck eines *epistemischen* Problems, das sich in mangelnder Vertrauenswürdigkeit oder Reliabilität wissenschaftlicher Arbeit niederschlagen würde. Vielmehr liegt sie in den *sozialen* Dimensionen des Wissenschaftsbetriebs und den Berührungspunkten von Wissenschaft und Gesellschaft begründet. Dies bedeutet im Einzelnen nicht, dass die tatsächliche Expertise eines/r ExpertIn unzureichend ist, sondern dass seine oder ihre Aufrichtigkeit und Vertrauenswürdigkeit in Zweifel gezogen wird. Wissen wird nicht allen Bevölkerungsgruppen gleichermaßen erfolgreich vermittelt. Mangelnde Wissensvermittlung von ExpertInnen an die Bevölkerung schlägt sich in Missverständnissen bezüglich wissenschaftlicher Methodologien und wissenschaftlichem Dissens nieder. Wissenschaftliche Rückschläge werden fälschlicherweise als wissenschaftliche Inkompetenz gewertet und WissenschaftlerInnen müssen sich gegenüber Vorwürfen der politischen und finanziellen Abhängigkeit rechtfertigen. Kognitive Verzerrungen, strategisch platzierte Falschinformationen und Verschwörungstheorien untergraben Wissenschaftsvertrauen oder verstärken bereits bestehendes Misstrauen.

Die *soziale Erkenntnistheorie* ist in besonderer Weise geeignet, die Problematik des Vertrauensverlusts in die Wissenschaft zu beleuchten, da sie an die Stelle der traditionellen Fokussierung der Erkenntnistheorie auf die prinzipielle Möglichkeit von Wissen, die Natur von Naturgesetzen oder die Verlässlichkeit von Sinneswahrnehmungen die Annahme setzt, dass Wissen in den meisten (wenn nicht allen) Fällen auch durch *soziale Elemente* konstituiert ist. Sie befasst sich u. a. mit grundsätzlichen Fragen zum Verhältnis von Expertise und Laientum, der Delegation epistemischer Aufgaben an Personen und Institutionen in Gesellschaften, aber auch der bestmöglichen Konfiguration von Forschungsgruppen zum Erreichen ihrer epistemischen Ziele. Sie bietet zudem Problemlösungsansätze an, mit deren Hilfe wissenschaftliche Laien die fachliche Expertise, Aufrichtigkeit und epistemisch verantwortungsvolles Handeln vermeintlicher ExpertInnen beurteilen können, diskutiert, in welchen Fällen auf das ungeprüfte Wissen anderer vertraut werden kann (Testimonialwissen) und thematisiert die epistemische Arbeitsteilung in komplexen Gesellschaften. Hierbei stehen die gesellschaftlich bedingte wissensbezogene Arbeitsteilung sowie die komplexen Geflechte wissensbezogener Abhängigkeiten zwischen Laien und ExpertInnen im Fokus. Die theoretische Perspektive der sozialen Erkenntnistheorie eignet sich in besonderer Weise zur Erfassung des Vertrauensverlusts, da sie die sozialen Aspekte der Wissensproduktion als ihren zentralen Gegenstand hat.

Ich strukturiere mein Forschungsvorgehen wie folgt:
Im ersten Kapitel stelle ich grundlegende Theorieansätze der sozialen Erkenntnistheorie dar, die für das vorliegende Problem der Glaubwürdigkeitskrise relevant sind. Im Einzelnen erörtere ich Fragen rund um die Notwendigkeit und Verlässlichkeit von Testimonialwissen (Abschnitt 1.1) und erläutere das Prinzip epistemischer Arbeitsteilung in Gesellschaften (Abschnitt 1.2). Nach der Definition von *Expertise* und *Laientum* (Abschnitte 1.3.1 und 1.3.2) erläutere ich Metakriterien, anhand derer ein Laie fachliche Expertise und ExpertInnen hinsichtlich ihrer Vertrauenswürdigkeit, Aufrichtigkeit und epistemisch verantwortungsvollen Vorgehensweise beurteilen kann. Auf diese theoretischen Vorklärungen greife ich im Verlauf der Arbeit an geeigneten Stellen immer wieder zurück.

Im zweiten Kapitel stehen zunächst theoretische Überlegungen zur Glaubwürdigkeitskrise der Wissenschaften im Zentrum. Da die Glaubwürdigkeit der Wissenschaft in zentralem Maße von der Vertrauenswürdigkeit der WissenschaftlerInnen abhängt, stelle ich zunächst ein allgemeines psychologisches Verständnis von Vertrauensverhältnissen vor (Abschnitt 2.1) und biete mehrere Argumente für die

Vertrauenswürdigkeit wissenschaftlicher Arbeit an (Abschnitt 2.2). Anschließend gehe ich auf die Besonderheiten der Vertrauensverhältnisse ein, welche zwischen Laien und ExpertInnen bestehen (Abschnitt 2.3) und diskutiere anschließend empirische Befragungsstudien, die sich mit diesen Vertrauensverhältnissen und allgemeinem Wissenschaftsvertrauen befassen (Abschnitt 2.4). In den folgenden Abschnitten widme ich mich vier Erklärungsansätzen zu Vertrauensverlust und Misstrauen in Forschung. Diese beinhalten Vermutungen der Inkompetenz von WissenschaftlerInnen (Abschnitt 2.5.1), außerwissenschaftliche Abhängigkeiten der Wissenschaft (Abschnitt 2.5.2), Missverständnisse bezüglich wissenschaftlichen Vorgehens, insbesondere der Bedeutung wissenschaftlichen Dissenses (Abschnitt 2.5.3) und die Vermutung der Alltagsferne wissenschaftlicher Forschung und wissenschaftlicher Sprache (Abschnitt 2.5.4). Die Berücksichtigung kognitiver Verzerrungen leistet ebenfalls einen Beitrag zur Erklärung des Vertrauensverlusts in die Wissenschaften, weshalb ich einige besonders relevante Beispiele aufgreife und erläutere (Abschnitt 2.6). Im nächsten Abschnitt diskutiere ich den sogenannten strategischen Wissenschaftsskeptizismus (Abschnitt 2.7), der sich beispielsweise in Fake News oder populistischen Fehldeutungen wissenschaftlicher Aussagen äußert und als intentionaler Störfaktor des Wissenschaftsvertrauens einzuordnen ist. Ich beschließe das Kapitel mit zwei Abschnitten zu Verschwörungstheorien. Ich erörtere in diesem Zusammenhang die philosophischen Debatten zur Abgrenzungsproblematik und epistemischen Kritikwürdigkeit von Verschwörungstheorien (Abschnitt 2.8) und vertiefe die psychologischen Aspekte dieser Arbeit durch eine Darstellung der empirischen Forschung zu Verschwörungsglauben (Abschnitt 2.9).

Diese Vorüberlegungen und Theorieelemente ermöglichen im dritten Kapitel schließlich, die Glaubwürdigkeitskrise der Wissenschaft aus Sicht der sozialen Erkenntnistheorie am Beispiel der COVID-19-Pandemie zu verdeutlichen. Zu diesem Zweck charakterisiere ich zunächst die spezifische Expertise, die während der Pandemie erforderlich war (Abschnitt 3.1). Entlang der Struktur des zweiten Kapitels argumentiere ich für die Vertrauenswürdigkeit der COVID-19-Forschung (Abschnitt 3.2) um anschließend die vier bereits genannten Erklärungsansätze des Vertrauensverlusts (Inkompetenz, außerwissenschaftliche Abhängigkeit, wissenschaftlicher Dissens, Alltagsferne) auf die pandemische Forschung zu beziehen (Abschnitte 3.3.1 bis 3.3.4). Nachfolgend zeige ich auf, inwiefern die im zweiten Kapitel vorgestellten kognitiven Verzerrungen auch in der COVID-19-Pandemie zu falschen Überzeugungen beigetragen und Misstrauen in die Wissenschaften erzeugt oder verstärkt haben (Abschnitte 3.4.1 bis 3.4.4). Das dritte Kapitel endet mit einer Darstellung der Rolle des strategischen Wissenschaftsskeptizismus und einer Einschätzung der Rolle von Verschwörungstheorien und Verschwörungsglauben in der COVID-19-Pandemie. In einem Fazit fasse ich zentrale Erkenntnisse dieser Arbeit zusammen und greife offen gebliebene und weiterführende Forschungsfragen auf.

Inhaltsverzeichnis

1 Die soziale Erkenntnistheorie

Die traditionelle Erkenntnistheorie beschäftigt sich mit den Bedingungen menschlicher Erkenntnis. Sie behandelt Fragen nach der Möglichkeit von Gotteserkenntnis, Naturgesetzen, Fremdpsychischem und dergleichen mehr. Dabei tritt sie historisch mit einem universellen Anspruch auf, d. h. mit dem Selbstverständnis, dass ihre Erkenntnisse für alle Menschen gelten. Im Besonderen seit Descartes' *Meditationen* war die Erkenntnistheorie in hohem Maße auf die mentalen Operationen isolierter Individuen, bzw. auf epistemische Bedingungen in Abstraktion von weiteren Personen fokussiert (Goldman 1999, S. 4). In der empiristischen Tradition der Erkenntnistheorie basierte die Rechtfertigung von Wissen auf der *sinnlichen Wahrnehmung* eines Individuums bei der Begegnung mit einem Untersuchungsgegenstand, während diese Rechtfertigung in der rationalistischen Tradition auf dem *Denkvermögen* des Einzelnen basierte. Sie kann daher auch als individuelle oder Individual-Epistemologie bezeichnet werden. Personen existieren jedoch nicht nur als Individuen – sie leben in Verbünden, Gruppen und Staaten. Sie sind auf vielfältige Weise vernetzt, verbündet und vergemeinschaftet. Das Ausmaß der Abhängigkeit von Anderen in Bezug auf Wissen, Rechtfertigungen und Expertise wird von der traditionellen Erkenntnistheorie in seiner Wichtigkeit unterschätzt und entsprechend zu wenig berücksichtigt (Coady 2012, S. 27–28). Dieses Defizit versucht die soziale Erkenntnistheorie auszugleichen, indem sie sich insbesondere auf die sozialen Dimensionen von Erkenntnisbemühungen fokussiert. Traditionelle und soziale Erkenntnistheorie stehen sich trotz dieser Abgrenzung nicht konträr gegenüber – vielmehr ist die soziale Erkenntnistheorie im hier angesprochenen Sinne als eine Erweiterung der traditionellen Erkenntnistheorie zu verstehen. Die theoretische Erweiterung der Erkenntnistheorie um soziale Dimensionen kann in die breitere Strömung der antiindividualistischen und externalistischen Philosophie eingeordnet werden.

A. F. Flohr, *Die Glaubwürdigkeitskrise der Wissenschaft aus Sicht der sozialen Erkenntnistheorie*, BestMasters, https://doi.org/10.1007/978-3-658-46984-9_1

Diese Strömung hatte sich Mitte des 20. Jahrhunderts zunächst in der Sprachphilosophie und Philosophie des Geistes herausgebildet um schließlich auch auf die Erkenntnistheorie überzugreifen (Scholz 2014, S. 261).

Die sozialen Dimensionen von Erkenntnisbemühungen beinhalten beispielsweise das Lesen von Büchern, Zeitungen, wissenschaftlichen Artikeln und Webseiten, das Lehren in Schulen und Universitäten, gemeinsame Arbeit in Forschungsprojekten und die Konsultation von ExpertInnen – beispielsweise wenn wir einen Arzt oder eine Ärztin aufsuchen (Scholz 2014, S. 259). In komplexen Gesellschaften sind wir in hohem Maße auf diese sozialen Aspekte des Wissens, der Rechtfertigung und Expertise angewiesen. Dies spiegelt sich in den Institutionen wider, die mit relevanten Aufgaben wie der Wissensvermittlung – Schulen und Universitäten – oder dem spezialisierten Wissenserwerb – wissenschaftlichen Forschungsprojekten – von der Gesellschaft betraut werden (Goldman 1999, S. 4). Die sozialen Aspekte epistemischer Bemühungen sind einer erfolgreichen Verfolgung epistemischer Desiderata jedoch nicht nur zuträglich. Unvollständige oder irreführende Kommunikation, mangelnde epistemische Diversität und sozialpsychologische Effekte wie die Neigung zu Konformität oder Verantwortungsdiffusion können epistemische Vorhaben entscheidend behindern.

Die soziale Erkenntnistheorie untersucht auch, wie Menschen ihre genuinen Erkenntnisbemühungen ausrichten *sollten*, wenn sie sich in sozialen Verbänden befinden.[1] Dabei liegt ihr Fokus im Besonderen auf den epistemischen Bedingungen, die in und für Gruppen oder kollektive AkteurInnen bestehen (Goldman und O'Connor 2021). Dies kann beispielsweise bedeuten, dass die Verbreitung von guten und schlechten[2] Informationen über die Netzwerkstrukturen einer spezifischen Gruppe untersucht wird. Anstelle der Verengung auf einen einzelnen „Wissenden" adressiert die soziale Erkenntnistheorie so die Verteilung und Verbreitung von Wissen oder Falschinformationen innerhalb eines sozialen Verbundes. Darüber hinaus werden in der sozialen Erkenntnistheorie nicht nur Individuen als wissensfähige AkteurInnen betrachtet, sondern auch kollektive und korporative AkteurInnen (Goldman 1999, S. 4–5).

---

[1] In diesen Fällen ist von *angewandter* sozialer Erkenntnistheorie die Rede.

[2] *Gut* und *schlecht* ist hier in mehreren Bedeutungsdimensionen angesprochen. Es sind sowohl *wahre* und *falsche* als auch *förderliche* und *hinderliche* Informationen gemeint. Auch müssen *wahre* Informationen nicht gleichbedeutend mit *guten* sein, da sie irreführend sein können. Die wahrheitsgemäße Information, dass z. B. das Tragen einer Maske nur bedingt vor einer Virusinfektion schützen kann, könnte dazu führen, dass weitläufig auf das Tragen einer Maske verzichtet wird – wobei das Maskentragen aber gerade dann besonders wirksam schützen würde, wenn möglichst viele Menschen daran teilnähmen.

Unter dem englischen Begriffs-Pendant der *social epistemology*[3] existieren mehrere Vorhaben, die sich in ihrer Radikalität deutlich unterscheiden. Während ich mich in meinen obigen Beschreibungen auf den Zweig der eher konservativen Erweiterung der Individual-Erkenntnistheorie beschränkt habe, werden unter dem Begriff der social epistemology auch Strömungen der Wissenssoziologie referenziert, die jedoch mit dem in dieser Arbeit vorgestellten Ansatz wenig gemein haben. Die Vertreter des sogenannten „Strong Programme" der Wissenssoziologie (u. a. Barry Barnes, Harry Collins, David Bloor) stellen Vorstellungen von objektiver Wahrheit und Rationalität grundsätzlich in Frage und verfolgen konstruktivistische Ansätze zur Erklärung der Entstehung dieser ihrer Ansicht nach sozial hergestellten Diskursgegenstände (Goldman und O'Connor 2021). Eine weitere, der sozialen Erkenntnistheorie verwandte Theorieströmung ist die feministische Erkenntnistheorie. Sie beschäftigt sich vor allem mit soziokulturellen und politischen Einflüssen, die das Geschlecht auf Erkenntnisbemühungen hat. Sie thematisiert unter anderem geschlechtsbedingte Ungerechtigkeiten bezüglich des Zugangs zu Wissen und zu wissenschaftlichen Institutionen sowie Statusunterschiede bei der Anerkennung wissenschaftlicher Arbeit.

Für eine sozialerkenntnistheoretische Perspektive auf die Glaubwürdigkeitskrise der Wissenschaft sind die folgenden Forschungsthemen von besonderer Relevanz: Testimonialwissen, epistemische Arbeitsteilung und Variationen des Laie-ExpertInnen-Problems. In den folgenden Abschnitten stelle ich zentrale Gedanken und Diskurse dieser Grundprobleme der sozialen Erkenntnistheorie vor. Diese Vorklärungen ermöglichen spätere Rückbezüge bei der Darstellung und Diskussion der Glaubwürdigkeitskrise und ihrer Ursachen.

1.1 Testimonialwissen

Das Zeugnis Anderer (engl. *testimony)* ist einer der basalen Forschungsgegenstände der sozialen Erkenntnistheorie, da die Weitergabe von Informationen eine der wichtigsten menschlichen Erkenntnisquellen darstellt. Wissensinhalte jeder Art, die sich auf Ereignisse außerhalb der raumzeitlichen Reichweite unserer Sinnesorgane beziehen und nicht ohne Hilfsmittel wie z. B. Teleskope, Teilchenbeschleuniger oder auch dem Abduktionsschluss[4] generiert werden können,

[3] Im deutschen Sprachraum werden die nachfolgenden Beispiele nicht unter diesem Begriff subsummiert, sondern weisen in der Regel gut abgrenzbare Eigenbezeichnungen auf.

[4] Der Abduktionsschluss erlaubt es beispielsweise, aus Knochenfunden, die im räumlich-zeitlichen Bereich unserer Sinnesorgane liegen, auf die frühere Existenz von Dinosauriern zu schließen.

erhalten wir in vielen Fällen nur über Fremdauskünfte. Viele der Dinge, die wir sogar mit großer Sicherheit zu wissen glauben, wissen wir nicht durch unsere eigenen Erfahrungen, sondern durch die direkte oder indirekte Vermittlung der Gedanken und Erkenntnisse unserer Mitmenschen (Coady 2012, S. 32).

Zweifellos tun wir gut daran, auch unsere eigenen Wahrnehmungsinhalte mit anderen zu teilen und zu vergleichen, um Bestätigung oder Korrektur zu erfahren. Es ist möglich, dass wir epistemisch gerechtfertigt sind, eigene Überzeugungen auf Basis fremden Testimonialwissens zu verwerfen, beispielsweise wenn ExpertInnenwissen unseren eigenen Überzeugungen widerspricht. Doch Bezeugungen Anderer sind fehlbar und nicht immer aufrichtig. Sie können z. B. durch kognitive Verzerrungen, religiöse Dogmen, Halluzinationen, falsche Erinnerungen und obskure Wissensquellen verfälscht sein oder auch absichtliche Täuschungen darstellen. Die Beurteilung der „epistemischen Vorarbeit" des Gegenübers und die grundsätzliche Einschätzung seiner Erkenntnisfähigkeit kann daher notwendig sein, wobei eine zufriedenstellende Beurteilung eine erfüllte *Kompetenzbedingung* darstellt. Das Problem der fraglichen Aufrichtigkeit des Gegenübers nenne ich im Folgenden *Aufrichtigkeitsbedingung*. Die Überprüfung der Aufrichtigkeit variiert je nach Kontext erheblich. Von Angesicht zu Angesicht lässt sich Aufrichtigkeit anhand von weit mehr Anhaltspunkten – wie Mimik, Gestik und Reaktionen auf Nachfragen – feststellen, als dies z. B. bei schriftlichen Beiträgen möglich ist.

In der philosophischen Debatte wurde Testimonialwissen als *vertrauensbasiertes* Wissen regelmäßig mit *evidenzbasiertem* Wissen kontrastiert. Diese Gegenüberstellung ist jedoch strittig: Testimonialwissen kann laut einigen Autoren beispielsweise dann als evidenzbasiertes Wissen angesehen werden, wenn Evidenz für die Vertrauenswürdigkeit der Zeugnis ablegenden Person vorliegt (Coady 2012, S. 33). Dieser Ansicht nach sollte Testimonialwissen wie jede andere Informationsquelle betrachtet und behandelt werden – fallibel seien schließlich alle Methoden der Erkenntnissuche.

Da der Diskurs im Themenkomplex des Testimonialwissens hier nur gestreift werden kann, sei abschließend erwähnt, dass sich ein Großteil der zugehörigen Literatur Erklärungsversuchen widmet, unter welchen Umständen ein Subjekt darin gerechtfertigt sein kann, Behauptungen einer fremden, vertrauten oder auch beliebigen Person Vertrauen zu schenken (Goldman und O'Connor 2021).

1.2 Epistemische Arbeitsteilung

Fragen zur epistemischen Arbeitsteilung liegt die Annahme zugrunde, dass z. B. in Forschungsvorhaben einzelnen WissenschaftlerInnen nur noch ein kleiner Teil der epistemischen Arbeit zukommt, weil diese Arbeit auf eine Vielzahl von Personen verteilt ist. Fragestellungen in der explorativen Forschung sind selten streng auf ein konkretes Ziel ausgerichtet, das in bereits bekannten und vorgegebenen Arbeitsschritten erreicht werden kann. Realistischer ist es, z. B. bei der pharmazeutischen Forschung davon auszugehen, dass es das erklärte Ziel ist, eine wirksame Behandlungsmethode für eine bestimmte Krankheit zu finden, ohne dass von vornherein klar ist, wie diese aussehen wird. Daher werden in vielen Forschungsgemeinschaften häufig verschiedene Wege und Methoden zur Erreichung dieses vagen Ziels in Betracht gezogen und arbeitsteilig untersucht. Die Organisation und Optimierung der epistemischen Arbeitsteilung in solch einem Vorhaben kann Gegenstand der sozialen Erkenntnistheorie sein. Philip Kitcher (1990) betrachtete verschiedene idealisierte epistemische Projekte, wie z. B. die Identifizierung eines Moleküls oder die Bestimmung der besten verfügbaren wissenschaftlichen Theorie, im Wesentlichen als innerwissenschaftliche Optimierungsprobleme.

Eine wissenschaftliche Gemeinschaft, welche epistemische Arbeitsteilung praktiziert, muss sich darauf verlassen können, dass das Testimonialwissen des wissenschaftlichen Kollegiums verlässlich ist und wahrhaftig vorgebracht wird. Da der Rückgriff auf Testimonialwissen bei umfangreichen Forschungsvorhaben zielführend und sogar notwendig ist, wird ForschungskollegInnen sowohl inhaltlich als auch in der Begründung ihrer wissenschaftlichen Überzeugungen vertraut. Indem Teilbereiche und Zusammenhänge eines epistemischen Vorhabens unter Umständen auf den Aussagen vieler unterschiedlicher Menschen basieren, werden Kontrolle und Zuständigkeit über Für-Wahr-Gehaltenes auf alle Beteiligten aufgeteilt (Leefmann 2020, S. 69). In Wissenschaften mit hohem Spezialisierungsgrad kann daher nicht von einem erkenntnistheoretischen Individualismus gesprochen werden. Die Spezialisierung einzelner WissenschaftlerInnen, die Weitläufigkeit moderner Wissenschaftsfelder und die schiere Menge wissenschaftlicher Forschung machen es ExpertInnen schwer bis unmöglich, einen Überblick über ihr gesamtes Wissenschaftsfeld zu behalten. Wenn es jedoch selbst für ExpertInnen aus Mangel an kognitiven und zeitlichen Ressourcen nicht mehr möglich ist, die Glaubwürdigkeit der wissenschaftlichen Aussagen ihrer KollegInnen im

Einzelnen zu überprüfen, erscheint dieselbe Aufgabe für einen Laien[5] schlicht unmöglich (Leefmann 2020, S. 70). Zwischen ExpertInnen und Laien besteht also ein Verhältnis epistemischer Arbeitsteilung, das aufgrund der potenziell sehr großen Unterschiede in der Expertise auch ein Verhältnis asymmetrischer Abhängigkeit darstellt, auf das ich im Folgenden näher eingehen werde.

1.3 Das Laie-ExpertInnen-Problem

Die epistemische Arbeitsteilung in Gesellschaften macht es notwendig, dass sich Individuen in vielen Fällen auf fremde Expertise verlassen. Im Gegensatz zu kooperierenden WissenschaftlerInnen, die sich in der Regel in symmetrischen epistemischen Abhängigkeiten befinden, befinden sich z. B. PatientInnen in einer asymmetrischen epistemischen Abhängigkeit von ihrem Arzt oder ihrer Ärztin (Scholz 2018). Dasselbe gilt auch für KundInnen von KFZ-MechatronikerInnen und KlientInnen von SteuerberaterInnen. Asymmetrische epistemische Abhängigkeit ist in den meisten Fällen dadurch gekennzeichnet, dass z. B. das Verständnis, das Wissen und die Fertigkeiten hinsichtlich der relevanten epistemischen Methoden und Desiderate zwischen ExpertIn und Laie ungleich verteilt sind.

1.3.1 Expertise

Die Bezeichnung als ExpertIn soll in sozialerkenntnistheoretischen Diskussionen als Kontrastbegriff zu dem Begriff des Laien (s. u.) gelten und die bezeichnete Person in einem noch zu bestimmenden Sinne als *besser* hervorgehoben werden. Expertise kann sowohl als *objektive* Eigenschaft einer Person oder als eine *subjektive* Attribution im Sinne einer Zuschreibung gelten. Bei der Definition von Expertise konnte in philosophischen Diskursen bislang keine Einigkeit erzielt werden, da es z. B. bei Explikationsversuchen anhand notwendiger und hinreichender Bedingungen viele Möglichkeiten für Gegenbeispiele gibt. Um Definitionsschwierigkeiten dieser Art zu vermeiden, möchte ich Expertise entlang Scholz‘ *Symptomen der Expertise* charakterisieren (Scholz 2018). Dieses

[5] Ich lege in dieser Arbeit Wert auf eine geschlechtsneutrale Sprache. Im Falle des Laien, der Laiin, der Laien und Laiinnen möchte ich aus Gründen der besseren Lesbarkeit und in Ermangelung einer einheitlichen Schreibweise auf umständliche Aufzählungen verzichten. Mit dem Begriff des und der Laien sollen selbstverständlich alle Geschlechter angesprochen werden.

Vorgehen kommt einer Aufzählung *typischer* Merkmale einer/s ExpertIn gleich und ist daher keine strikte Definition anhand von notwendigen und hinreichenden Bedingungen. Die folgende Liste enthält das Verständnis von Expertise, das dieser Arbeit zugrunde liegt.

Die Symptome von Expertise lassen sich in vier Kategorien einteilen: ExpertInnen zeichnen sich (I) durch ihre *individuellen kognitiven Fähigkeiten und Errungenschaften* aus. Diese können sich in ihrem Problemlösungsverhalten, in ihrer Erfahrung, in der Menge ihrer wahren Überzeugungen oder auch in dem praktischen Verständnis ihres Fachgebietes zeigen. Des Weiteren sind ExpertInnen (II) in der Regel durch die Art und Organisation ihrer *sozialen Beziehungen* zu erkennen: Sie gelten für Außenstehende als ExpertInnen, besitzen das Ansehen einer Autorität und stehen im Austausch mit anderen ExpertInnen, mit denen sie Meinungen teilen oder deren Meinungen sie ablehnen. Sie zeichnen sich (III) durch die *Modi* und den *Umfang* ihres Schaffens in ihrem Fachgebiet aus, indem sie z. B. besonders schnell Probleme erkennen und effektiv bearbeiten können, langfristig arbeiten und nicht nur einzelne oder gar zufällige Beiträge leisten. Auch zeichnet sich ihre Arbeitsweise durch mehrere Kontrollmechanismen aus. (IV) Die *Effekte und Begleitumstände* ihrer Arbeit sind, dass ExpertInnen ihre Fähigkeiten auf neue Fragen, Probleme und Aufgaben in ihrem Fachgebiet anwenden, kohärente Vorhersagen treffen, andere ExpertInnen identifizieren und Inhalte ihrer Expertise weitergeben können, sofern sie über die erforderlichen sozialen Kompetenzen verfügen.

Jon Leefmann (2020) und Christian Quast (2018) sehen die soziale Rolle, die sozialen Verpflichtungen und die damit verknüpften normativen Erwartungen Dritter als besonderes konstitutives Merkmal für ExpertInnen an. So betont Leefman, dass wissenschaftliche ExpertInnen nicht bloß als anonyme, verlässliche Informationsquellen in Erscheinung treten, sondern als Personen, an die besonders hohe Maßstäbe der Aufrichtigkeit und Urteilsfähigkeit angelegt werden. Experte oder Expertin zu sein bedeute demnach, auch den normativen Erwartungen Außenstehender an die ExpertInnen-Rolle gerecht zu werden. Diesen Erwartungen entspreche, aufrichtig und kompetent verlässliche Informationen zu vermitteln (Leefmann 2020, S. 96). Die sozialen Verpflichtungen einer ExpertInnen-Rolle kommen erst dann zum Tragen, wenn eine Person als ExpertIn anerkannt wird oder sich selbst als solche ausgibt. Ohne das Element der sozialen Verpflichtung würden Leefmann und Quast nicht von einem Experten oder einer Expertin sprechen (Leefmann 2020, S. 98, insbes. Fußnote 23; Quast 2018, S. 398). In den Ansätzen von Goldman und O'Connor (2021) und Scholz (2018) hingegen wird die soziale Rolle eines Experten/einer Expertin von seinen/ihren fachlichen Kompetenzen getrennt, indem der Begriff der Expertise, wie oben bereits angedeutet, in subjektive (askriptive) und objektive (deskriptive) Expertise analysiert wird. Martini (2020) folgend bin ich jedoch der Auffassung, dass Expertise nicht ohne den Rückgriff auf Kontrast- und Referenzklassen von Laien bzw. ExpertInnen bestimmt werden kann. Was früher als ExpertInnenwissen galt, kann heute als Allgemeinwissen gelten – man denke an den Satz des Pythagoras. Umgekehrtes gilt in ähnlicher Weise: Gewöhnliche Fertigkeiten von Nicht-ExpertInnen, die vor langer Zeit lebten, können heute als Spezialwissen weniger ExpertInnen gelten – beispielsweise das Entzünden eines Feuers durch Feuerbohren. ExpertIn zu sein bedeutet demnach, *in Bezug auf eine Kontrastklasse* von Laien oder/und *auf eine Referenzklasse anderer ExpertInnen* Expertise zu besitzen. Es gibt also keine private Antwort auf die Frage, ob man Experte oder Expertin ist, da das Attribut der Expertise nur relativ zu einer Referenzklasse von Personen festgestellt (bei objektiver Expertise) oder zugeschrieben (bei askriptiver Expertise) werden kann.

1.3.2 Laientum

Als Laien bezeichne ich im Folgenden Personen, die die meisten oder alle dieser Symptome von Expertise in einem bestimmten Fachgebiet *nicht* aufweisen. Dies schließt keinesfalls aus, dass ein Laie in einem anderen Fachgebiet selbst Expertise besitzen kann. Darüber hinaus wird im Folgenden als charakteristisches Merkmal eines Laien angesehen, dass er oder sie selbst der Meinung ist, keine Expertise in dem jeweiligen Bereich zu besitzen. Dies bedeutet zum einen, dass die kognitive und/oder epistemische Abhängigkeit von ExpertInnen auch von Laien als solche erkannt wird und zum anderen, dass die Suche nach ExpertInnen ein genuin praktisches Problem darstellt, dessen erfolgreiche Bearbeitung für Laien von hoher Relevanz ist.

1.3.3 Die Problemstellung

Die meisten Laien können Inhalt und Qualität vieler wissenschaftlicher Erkenntnisansprüche nicht direkt beurteilen. Dieses Problem können sie versuchen zu lösen, indem sie nach Urteilen zweiter Ordnung suchen, d. h. nach Auskünften von Fachleuten, welche dank ihrer Expertise, Kommunikationsweise und Vertrauenswürdigkeit in die Lage versetzt sind, wissenschaftliche Erkenntnisansprüche hinsichtlich Inhalt und Qualität zu beurteilen (Anderson 2011, S. 145). Hierfür ist notwendig, dass Laien (1) diejenigen Fachleute bestimmen, die auf dem fraglichen Gebiet mutmaßlich Expertise besitzen und demnach die Kompetenzbedingung erfüllen. Sind ExpertInnen erst einmal festgestellt, muss (2) beurteilt werden, ob sie aufrichtig kommunizieren: Ihre Aussagen sollten nicht irreführend, anfällig für Fehlinterpretation oder unvollständig sein – auf diese Weise sollte die Aufrichtigkeitsbedingung erfüllt werden. Zuletzt müssen Laien feststellen, ob die mutmaßlich aufrichtigen ExpertInnen (3) angemessen auf Einwände, auf Evidenz, sowie auf Widersprüche Anderer eingehen können, anders gesagt: es muss deutlich werden, dass die mutmaßlichen ExpertInnen ihre Überzeugungen auf eine epistemisch verantwortungsvolle Art und Weise erlangen (Anderson 2011). Dieses Kriterium betont die Begründungsverpflichtung innerhalb einer Wissenschaftsgemeinschaft, welche auch für die Kommunikation gegenüber Laien gelten sollte: ExpertInnen sollten nicht dogmatisch vorgehen, indem sie Gegenbeweise und Kritik ignorieren. Zusätzlich sollten sie ihre Vormachtstellung gegenüber Laien nicht ausnutzen, indem sie Laien die Rechtfertigung wissenschaftlicher Urteile vorenthalten (Anderson 2011, S. 146). Ich widme mich im Folgenden den drei angesprochenen Themenkomplexen, deren Beantwortung für die Feststellung fachlicher (1), vertrauenswürdiger (2) und epistemisch verantwortungsvoller (3) Expertise notwendig sind.

1.3.4 Das Erkennen fachlicher Expertise

Das Erkennen von Expertise in Bezug auf ein Wissenschaftsfeld kann für Laien aufgrund fehlenden Fachwissens und Fachvokabular schwierig bis unmöglich sein. Auch gestaltet sich das Bemessen von Erfahrung und Kompetenz einer/s mutmaßlichen ExpertIn kompliziert, da Laien das Wissen darüber fehlen kann, welche Erfahrungen und Kompetenzen relevant sind (Martini 2020, S. 117–118). In der sozialerkenntnistheoretischen Debatte um das Erkennen von Expertise gibt es eine Reihe von Versuchen, Meta-Kriterien aufzustellen, die das Feststellen von Expertise ermöglichen sollen. Während Elizabeth Anderson minimalistisch auf akademische Grade und akademische Erfolge verweist (Anderson 2011, S. 146–147), bietet Carlo Martini (ähnlich, jedoch ausführlicher als Goldman (2001)) eine umfangreiche Liste an, auf die ich mich im Folgenden stütze (Martini 2020, S. 118–119).[6] Diese Liste an Metakriterien ist von den oben genannten *Symptomen von Expertise* in folgender Hinsicht zu unterscheiden: Sie stellt keinen

[6] Obwohl Martini seinen Überlegungen eine weit minimalistischere Definition von Expertise zugrunde legt – ihm genügt das Vorhandensein von „Erfahrung“ und „Kompetenz“ – erachte ich seine Überlegungen auch für die vorliegende Arbeit und die zugrundeliegende Definition von Expertise geeignet.

Versuch dar, Expertise zu definieren, sondern setzt eine Definition von Expertise bereits voraus. Sie ist eine offene Liste an Meta-Kriterien, von denen jedes einzelne *erfüllte* Kriterium ein Indiz für das Vorliegen von Expertise darstellt. Ein einzelnes erfülltes Kriterium zeigt noch nicht zuverlässig Expertise an, doch stellt es einen Indikator für Expertise dar, d. h. eine Eigenschaft, die unter normalen Bedingungen und in den meisten Fällen mit Expertise korreliert. Je mehr Meta-Kriterien von einer Person erfüllt werden, desto wahrscheinlicher handelt es sich bei der Person um eine/n ExpertIn. Die Meta-Kriterien lauten wie folgt:

a) ExpertInnen verpflichten sich größtmöglicher Objektivität, indem sie ihre Urteile durch Argumente und Evidenz stützen.
b) ExpertInnen besitzen einen öffentlichen, erfolgreichen „track-record". Dies können z. B. Referenzen und Preise sein, die ihre Erfahrung in ihrem Fachgebiet bestätigen.
c) ExpertInnen beschränken sich in ihren Aussagen als ExpertInnen auf das Fachgebiet ihrer Expertise – sie bleiben domänenspezifisch.
d) ExpertInnen haben in der Regel einen gewissen Grad an Konsens mit ihren KollegInnen in ihrem Wissenschaftsfeld.
e) ExpertInnen sollten wenig kognitive Verzerrungen aufweisen bzw. versuchen, bekannten Verzerrungen durch reziproke Kritik und Kontrollmechanismen entgegenzusteuern.
f) ExpertInnen besitzen großes inhaltliches Wissen über ihr Wissenschaftsfeld.
g) ExpertInnen besitzen Metawissen bezüglich ihres Wissenschaftsfelds, insbesondere kennen sie die Grenzen ihres Wissens und das Ausmaß ihres Unwissens.
h) ExpertInnen geben Urteile ab, die kohärent und konsistent sind.
i) ExpertInnen sind in der Lage, zwischen sehr ähnlichen Fällen zu unterscheiden, die dennoch nicht äquivalent sind.

Diese Liste kann nur als Versuch der Hilfestellung gelten, ExpertInnen von Nicht-ExpertInnen zu unterscheiden und ist daher offen für Revision und Erweiterungen.

1.3.5 Das Erkennen aufrichtiger ExpertInnen

Um sich über die Aufrichtigkeit der Kommunikation von ExpertInnen ein Urteil bilden zu können, schlage ich entlang Andersons Überlegungen die nachfolgenden Indikatoren vor (Anderson 2011). Da die Aufrichtigkeit von Personen nicht direkt beobachtet und in vielen Fällen nicht überprüft werden kann, eignen sich zu diesem Zweck *negative* Kriterien, um ExpertInnen mit potenziell *un*aufrichtiger Kommunikation herausfiltern zu können. Jedes dieser Kriterien ist für sich geeignet, zumindest Zweifel an der Aufrichtigkeit der Kommunikation aufkommen zu lassen. Je mehr Kriterien zutreffen, desto unwahrscheinlicher ist Ehrlichkeit und Aufrichtigkeit der ExpertInnen-Kommunikation einzuschätzen.

I.) ExpertInnen können in ihrer Kommunikation befangen sein, wenn sie finanzielle Mittel von AkteurInnen erhalten, die ein (wirtschaftliches oder politisches) Interesse daran haben, einen bestimmten Wissensanspruch geltend zu machen. Es wäre jedoch falsch, GeldgeberInnen grundsätzlich die Macht umfassender Einflussnahme zuzusprechen und den Forschenden im selben Zug jegliche Selbstbestimmung abzusprechen. Forschung kann nur durch Finanzierung betrieben werden, und unzählige Förderorganisationen nehmen selbstverständlich keinen Einfluss auf die von ihnen geförderte Forschung.

II.) Wenn eine Gutachterin oder ein Gutachter einen schlechten wissenschaftlichen „track record" hat, d. h. wenn sie oder er in der Vergangenheit plagiiert hat, wissenschaftlich unredlich war, Daten gefälscht oder irreführende wissenschaftliche Aussagen gemacht hat, wirft dies ein schlechtes Licht auf ihre oder seine aktuelle Fähigkeit, redlich wissenschaftlich zu arbeiten. Die Vorhersagekraft vergangener Fehlleistungen sollte nicht überbewertet werden, indem daraus ein generelles Misstrauen gegenüber den neueren Arbeiten eines Forschers abgeleitet wird. Doch sollte insbesondere von einer solchen Person ein hohes Maß an Transparenz sowie eine offene Fehlerkultur erwartet werden.

III.) Falsche Darstellungen der Argumente und Wissensansprüche dissentierender wissenschaftlicher KollegInnen und falsche Anschuldigungen sind in ähnlicher Weise negative Indikatoren: Sie können Anzeichen sowohl für fehlendes inhaltliches Verständnis als auch unlautere Motive sein. Insgesamt sollte die Kommunikation zwischen ExpertInnen idealerweise sachlich und unpersönlich ablaufen. Persönliche Angriffe sind indikativ für Motive, die über das rein Inhaltliche hinausgehen. WissenschaftlerInnen sind grundsätzlich gewohnt, über ihre Forschung zu sprechen und diese sachlich gegenüber inhaltlicher Kritik zu verteidigen.

1.3.6 Das Erkennen epistemisch verantwortungsvoller ExpertInnen

Epistemisch verantwortungsvolles Forschen und Kommunizieren lässt sich, vergleichbar mit aufrichtiger Kommunikation, schwer direkt feststellen. Auch in diesem Fall folge ich daher im Wesentlichen Andersons Vorschlag, epistemisch verantwortungs*loses* Handeln durch negativ formulierte Kriterien zu indizieren.

Epistemisch verantwortungsloses Handeln lässt sich vor allem durch Umgehungsversuche von Verantwortungsübernahme bezüglich der eigenen Forschungsqualität charakterisieren. A) In wissenschaftlichen Kontexten ist beispielsweise das Vermeiden von Kreuzgutachten (Peer-Review), das Zurückhalten von Daten und Methoden ein Anzeichen für das Fehlen epistemisch verantwortungsvollen Handelns. Das Zurückhalten wichtiger Daten verhindert z. B. die Replikation eigener Studien. In vielen Fällen gibt es jedoch keinen Grund für ein solches Vorgehen, insbesondere dann nicht, wenn die betreffende Arbeit den Standards und Konventionen guter wissenschaftlicher Praxis entspricht.

B) Des Weiteren muss fehlende dialogische Rationalität als Indikator für epistemisch verantwortungsloses Handeln gelten:[7] Das mehrfache Wiederholen des eigenen Standpunkts in einem Disput, ohne auf Kritik, konträre Evidenz oder eine Darstellung der Gegenposition einzugehen, bedeuten einen offenkundigen Rückzug des Sprechers oder der Sprecherin aus dem rationalen Diskurs. Diese Form der Kommunikation ist weder für KollegInnen noch Außenstehende geeignet, einen Standpunkt angemessen zu begründen und epistemische Rechenschaft abzulegen. Dies ist selbst dann für Laien erkennbar, wenn sie die einzelnen Argumente und Aussagen nicht verstehen.

C) Weitere negative Indikatoren epistemisch verantwortungslosen Verhaltens sind nach Anderson (2011) die Beförderung sogenannter „crackpot theories" (in etwa: „Spinner-Theorien"), sowie die freiwillige Assoziation mit Personen, die unter die Beschreibung eines „crackpots" fallen. Beispielhaft verweist Anderson auf die Homöopathie und merkt an, dass solche Theorien in vielen Fällen jedoch nur von ExpertInnen als „crackpot theory" identifiziert werden können. Diese letzten Kriterien genügen somit offenkundig nicht unbedingt Andersons eigenem Anspruch, „Grundsätze zweiter Ordnung für die Bewertung wissenschaftlicher

[7] Goldman (2001) hatte dialogische Rationalität im Kontrast zu Anderson als Indikator für Expertise aufgefasst und nicht spezifisch als Anzeichen epistemisch verantwortungsvollen Handelns.

Wissensansprüche durch *Laien*"[8] aufzustellen (Anderson 2011, S. 145, eigene Übersetzung, eigene Hervorhebung).

Das Problem des Erkennens eines/r vertrauenswürdigen, epistemisch verantwortungsvollen ExpertIn ist für Laien eine schwierige Angelegenheit. In vielen Fällen sind Laien jedoch nicht auf der Suche nach einer einzigen Person mit Expertise: In der Regel stehen mehrere ExpertInnen in der engeren Auswahl, die sich hinsichtlich einzelner Ansichten widersprechen.

1.3.7 Das Laie-2-ExpertInnen-Problem

In einer Erweiterung des Laie-ExpertInnen-Problems sieht sich ein Laie mit zwei konträren oder kontradiktorischen ExpertInnen-Urteilen konfrontiert. Die praktische Relevanz dieser Problematik lässt sich am Beispiel der Uneinigkeit zweier ÄrztInnen über die Diagnose und Behandlung einer Krankheit verdeutlichen.

Zur Lösung dieses Problems tragen zunächst alle Kriterien und Ansatzpunkte bei, die für das Erkennen von Expertise relevant sind. Oftmals lassen sich auf diese Weise bereits Unterschiede in der Expertise, Vertrauenswürdigkeit und epistemisch verantwortungsvollen Verhalten feststellen, die für oder gegen eines der ExpertInnen-Urteile sprechen. Darüber hinaus kann die Feststellung eines wissenschaftlichen Konsenses in einem solchen Konflikt dazu beitragen, sich für eine der beiden Seiten zu entscheiden, wenn der Konsens für eine der beiden Seiten spricht. Doch auch dieses Vorgehen hat offenkundige Schwachstellen: Ein wissenschaftlicher Konsens muss nicht zwingend die beste verfügbare Expertise abbilden. Keith Lehrer widmete sich diesem Problem und argumentierte, dass die Vertrauenswürdigkeit wissenschaftlichen Konsenses durch den wichtigen Aspekt der sozialen Information sehr wahrscheinlich werde (Lehrer 1977). Er stellte dar, dass die zwei philosophischen Lager um die *Experimentalismusthese* und der *Dominanzthese* in ihren Erklärungen zur Theorie-Akzeptanz in den Wissenschaften fehlgeleitet seien. Wissenschaftliche Akzeptanz von Theorien sei weder vollständig von experimentellen Resultaten abhängig, da experimentelle Ergebnisse nicht ohne Rückgriff auf Theorien erklärt werden können, noch sei die soziale Dominanz von TheorievertreterInnen allein entscheidend. Bei diesen Versuchen werde, so Lehrer, die Möglichkeit außer Acht gelassen, dass Theorie-Akzeptanz ein Resultat des rationalen Einbezugs *sozialer Information*

[8] Im Original: „Principles for second-order lay assessment of scientific claims"

sein könne. Eine (ideale) unparteiische und unvoreingenommene Wissenschaftlerin sollte bei ihrer Entscheidung für oder gegen eine wissenschaftliche Theorie die Expertise und Glaubwürdigkeit anderer berücksichtigen, da eine Nichtberücksichtigung einer irrationalen Missachtung des Prinzips der Berücksichtigung aller Informationen gleichkäme (Lehrer 1977, S. 482).

2 Die Glaubwürdigkeitskrise der Wissenschaft

Die Glaubwürdigkeit wissenschaftlicher ExpertInnen und wissenschaftlicher Erkenntnisse wird mit einer Vielzahl von Begründungen infrage gestellt. Oftmals steht die enge Verzahnung von Wissenschaft mit Wirtschaft und Politik im Fokus dieser Vorwürfe – Wissenschaft werde von Wirtschaft und Politik instrumentalisiert oder sei Teil eines „technowissenschaftlichen Regime[s]“ (dazu kritisch Carrier 2020, S. 371). Pharmazeutische Forschung wird von vielen als ein Paradebeispiel oberflächlicher Forschung charakterisiert, welches durch Einseitigkeit, Unverlässlichkeit, mangelnde epistemische Ansprüche, jedoch insbesondere überbordende finanzielle Interessen gekennzeichnet sei (Carrier 2020, S. 372). Diese misstrauische Tendenz schlägt sich auch in repräsentativen Umfragen nieder, die selbst in wissenschaftsnahem Publikum einen Vertrauensverlust feststellen (Kantar Emnid 2018). Praxisnahe Forschung, die sich mit Gesundheit, Krankheit und Ernährung befasst und für diese Bereiche explizite Empfehlungen ausspricht, ist hiervon in stärkerem Maße betroffen als zum Beispiel die theoretische Physik. Der Verdacht der Profitorientierung und der Vernachlässigung entgegenstehender Befunde wird demnach vor allem dann vorgebracht, wenn wissenschaftliche Beurteilungen konkreter Probleme gesellschaftlicher und persönlicher Relevanz vorgenommen werden.

Die Produktion wissenschaftlichen Wissens erfüllt unterschiedliche Funktionen in Gesellschaften. Zu ihnen gehört die von praktischer Anwendbarkeit zunächst entkoppelte Grundlagenforschung, welche primär einem allgemein verbesserten Verständnis der Welt dient. Die anwendungsbezogene Forschung ist kaum ohne Grundlagenforschung möglich, weshalb beiden Arten der Forschung eine allgemeine epistemische Funktion von Wissenschaft in Gesellschaften zugeschrieben werden kann (Bromme 2020, S. 111). Die Auswirkungen wissenschaftlicher Arbeit auf gesellschaftliche Prozesse sind mitunter erheblich: Man denke an die Keimtheorie, die Genetik oder auch die kopernikanische Wende

A. F. Flohr, *Die Glaubwürdigkeitskrise der Wissenschaft aus Sicht der sozialen Erkenntnistheorie*, BestMasters, https://doi.org/10.1007/978-3-658-46984-9_2

durch die Annahme des heliozentrischen Weltbilds. Wenn die Annahme weitläufig abgelehnt wird, dass Wissenschaft einen wichtigen Beitrag zur Herstellung und Sicherung von Wissen leisten kann, gefährdet dies die Rationalität einer Gesellschaft (Bromme 2020, S. 112).

Wissenschaftsskepsis äußert sich in vielfältiger Weise, z. B. in der Behauptung, man könne den Expertinnen und Experten eines bestimmten Fachgebietes nicht trauen, wobei in der Regel die grundsätzliche Möglichkeit objektiver Expertise nicht in Frage gestellt wird. Vielmehr offenbart sich bei näherem Hinsehen die Auffassung der skeptischen Personen, dass Expertise den vermeintlich Falschen zugeschrieben werde. Somit besteht Misstrauen gegenüber denen, „die die Reputation besitzen, ExpertInnen zu sein" (Coady 2012, S. 30, eigene Übersetzung) weil diesen Personen keine objektive Expertise zugetraut wird oder weil die „wahren" ExpertInnen woanders zu finden seien. Während diese Skepsis gegenüber attribuierter Expertise in einigen Fällen gerechtfertigt sein mag, ist es irreführend, auf diese Weise von ExpertInnen zu sprechen. Es wäre weniger irreführend davon zu sprechen, dass bestimmte Personen, die den Ruf haben, ExpertInnen auf ihrem Gebiet zu sein, keine wirklichen ExpertInnen sind (Coady 2012, S. 31). Ein deutlich stärkerer Standpunkt wird dann bezogen, wenn ExpertInnen grundsätzlich misstraut wird, da deren institutionalisierte höhere, epistemische Position impliziere, dass ihre Meinung einen höheren Wert als die Meinung anderer habe und ein solcher Elitismus abzulehnen sei. Bei diesem versteckten Wunsch nach Gleichberechtigung bzw. gleichem Wahlrecht werden jedoch zwei wichtige Dinge übersehen: Zum einen sind einige Personen über bestimmte Wissenschaftsbereiche besser informiert als andere, was ihrer Stimme in diesem Bereich mehr Gewicht verleihen sollte. Zum anderen werden durch dieses Ungleichgewicht keine rigiden Lager von ExpertInnen in der Gesellschaft erzeugt – falls im Elitismusvorwurf diese Sorge mitschwingt. Vielmehr ist es so, dass die meisten Menschen auf einzelnen Gebieten eine Form der Expertise besitzen, die ihnen an anderer Stelle fehlt (Coady 2012, S. 31).

Die Glaubwürdigkeit der Wissenschaften hängt wesentlich mit dem Vertrauen in ExpertInnen als kompetente, aufrichtige und epistemisch verantwortungsvolle InformantInnen zusammen. In diesem Kapitel beleuchte ich daher die Vertrauensverhältnisse von Laien und WissenschaftlerInnen. Nach einer Erläuterung des Konzepts der Vertrauensbeziehung aus psychologischer Sicht (Abschnitt 2.1) bearbeite ich die Frage, was die Vertrauenswürdigkeit der Wissenschaft und eine Sonderstellung wissenschaftlicher Erkenntnisse rechtfertigen kann (Abschnitt 2.2). Anschließend widme ich mich den Besonderheiten von Vertrauensverhältnissen zwischen Laien und ExpertInnen sowie WissenschaftlerInnen (Abschnitt 2.3) und schließlich, welche empirischen Erkenntnisse über

Wissenschaftsvertrauen vorliegen (Abschnitt 2.4). Auf der Grundlage dieser Vorarbeiten werden dann Gründe für das Problem des Misstrauens gegenüber den Wissenschaften zusammengetragen, die auf sozialerkenntnistheoretischen Begründungen und wissenschaftlichen Erkenntnissen über kognitive Verzerrungen beruhen (siehe Abschnitte 2.5 und 2.6). Über die Behandlung des Problems der strategischen Wissenschaftsskepsis (Abschnitt 2.7) schließt das Kapitel mit einer Darstellung sowohl der philosophischen Debatte über Verschwörungstheorien (Abschnitt 2.8) als auch der psychologischen Dimension des Verschwörungsglaubens (Abschnitt 2.9).

2.1 Was bedeutet Vertrauen?

In diesem Abschnitt erläutere ich das psychologische Verständnis von Vertrauensverhältnissen. Das geklärte Verständnis ermöglicht im nächsten Schritt einen geschärften Blick auf die Art von Vertrauensverhältnis, welches zwischen ExpertInnen und Laien möglich und wünschenswert ist. Zugleich vereinfacht es die Einordnung der empirisch tatsächlich bestehenden Vertrauens- oder Misstrauensverhältnisse zwischen ihnen.

Laut des Psychologen Rainer Bromme (2020) ist Vertrauen als eine Annahme der Vertrauens*geberin*[1] über die Vertrauens*nehmerin* zu verstehen, wobei die Handlungen der Vertrauensnehmerin für die Ziele der Vertrauensgeberin von Bedeutung sind. Verbunden mit der Unsicherheit der Vertrauensgeberin bezüglich der Handlungen der Vertrauensnehmerin bedeutet dies, dass sich die Vertrauensgeberin freiwillig in ein risikobehaftetes Abhängigkeitsverhältnis begibt. Freiwilligkeit und ein persönliches Risiko aufseiten der Vertrauensgeberin scheinen notwendige Bedingungen eines Vertrauensverhältnisses zu sein: Besteht keine Freiwilligkeit, lässt sich zutreffender von Zwang sprechen; besteht kein Risiko, ist kein Vertrauen notwendig. Vertrauen bedeutet für eine Vertrauensgeberin, epistemische Gründe dafür zu besitzen, der Vertrauensnehmerin zu glauben – selbst in dem Grenzfall, wenn die Wahrheit der fraglichen Aussagen der Vertrauensnehmerin unwahrscheinlich erscheint. Gerade diese Grenzfälle sind dazu geeignet, die Tiefe eines Vertrauensverhältnisses aufzuzeigen (Leefmann 2020, S. 83).

Grundsätzlich gibt es einen Unterschied zwischen gewöhnlichen Überzeugungen und Vertrauensannahmen. Gewöhnliche Überzeugungen über die Welt

[1] Um den Lesefluss nicht zu sehr zu stören, werden geschlechtsneutrale Konstruktionen wie „der/s Vertrauensgebers/in" durch die weibliche Form ersetzt – jedoch sind natürlich alle Geschlechter angesprochen.

können sich als falsch erweisen – uns in diesem Sinne „enttäuschen" –, ohne dass jemand dafür verantwortlich gemacht werden kann. Falsche Überzeugungen können ohne böse Absicht entstehen, z. B. durch kognitive Verzerrungen, Illusionen oder aufrichtiges, aber inhaltlich falsches Testimonialwissen. Wenn jedoch eine Vertrauensgeberin die Vertrauenswürdigkeitsvermutung gegenüber ihrer Vertrauensnehmerin unterhält, hat sie ihr gegenüber eine Erwartungshaltung. Wird diese Erwartung enttäuscht, kommt dies einem Vertrauensbruch gleich. Dies begründet sich aus dem konstitutiven Merkmal von Vertrauensbeziehungen, Verantwortung für Handlungen, Objekte oder Ziele zu beinhalten, die für die Vertrauensgeberin bedeutsam sind. Vertrauensbrüche sind daher in der Regel nicht nur vom Gefühl der Enttäuschung, sondern auch von Empörung und Schuldzuweisungen geprägt (Leefmann 2020, S. 72). Empörung und Schuldzuweisungen sind gerechtfertigte Reaktionen auf einen Vertrauensbruch, da die Überantwortung von Interessen und Bedürfnissen der Vertrauensgeberin an die Vertrauensnehmerin mit der impliziten Erwartung der Rücksichtnahme einherging.

2.2 Was macht wissenschaftliches Wissen vertrauenswürdig?

Die Vertrauenswürdigkeit wissenschaftlichen Wissens ist laut Martin Carrier (2010) an die Erfüllung dreier Arten von Bedingungen geknüpft, an denen ich mich im Folgenden orientiere.

(1) Als Erstes ist wissenschaftliches Wissen insofern hervorzuheben, als es sich im Allgemeinen durch seine Reliabilität und inhaltliche Tiefe auszeichnet, die sich in Alltagsmeinungen seltener wiederfindet. Wissenschaftliches Wissen ist aber auch von Werturteilen abhängig, die aufgrund der Unterbestimmtheit wissenschaftlicher Theorien nicht rein empirisch begründet werden können (Carrier 2010, S. 197). Wenn z. B. zwei empirisch äquivalente Theorien existieren, die die vorhandene Evidenz in gleichem Maße erklären können, wird sich eine wissenschaftliche Gemeinschaft langfristig auf der Basis von Werturteilen für eine der beiden Theorien entscheiden. Ein Indikator für die Reliabilität einer Theorie ist z. B. ihre hohe Prognosefähigkeit – mehr noch als die Integration bereits vorhandener Evidenz in einen Erklärungszusammenhang (Carrier 2010, S. 198, 2011). Die inhaltliche Tiefe einer Theorie zeigt sich z. B. in der großen Menge an Evidenz, die durch eine Theorie präzise erklärt und vorhergesagt wird, oder auch in der Menge unterschiedlicher Phänomene, die durch die theoretische Erklärung vereinheitlicht werden.

Reliabilität und inhaltliche Tiefe sind beides nicht-empirische Werte, die als Eigenschaften wissenschaftlichen Wissens ungeachtet pragmatischer Vorzüge oder gesellschaftlichen Nutzens geschätzt werden. Sie stellen Präferenzen für die Art wissenschaftlichen Wissens dar, die wir uns wünschen, während sie jedoch per Konvention etabliert sind. Vertrauen in die Wissenschaft ist Carrier zufolge zuallererst Vertrauen in die Einhaltung geteilter epistemischer Werte (Carrier 2010, S. 199).

(2) Eine besondere Relevanz erhält naturwissenschaftliches Wissen dadurch, dass für Expertenurteile häufig bereits verallgemeinerte Regelmäßigkeiten, Naturgesetze und Verallgemeinerungen als Hintergrundwissen zur Verfügung stehen. Erkenntnisse, die z. B. unter kontrollierten Laborbedingungen gewonnen wurden, lassen sich jedoch nicht immer erfolgreich auf praktische Probleme anwenden, da Theorien mit universellem Anspruch nicht alle Randbedingungen der „wirklichen Welt“ berücksichtigen können (Carrier 2010, S. 200). Es ist wichtig zu betonen, dass solche spezifischen Unzulänglichkeiten wissenschaftlichen Wissens nicht gegen seine Vertrauenswürdigkeit sprechen und dass es fatal wäre, die generelle Vertrauenswürdigkeit der Wissenschaft von ihrer praktischen Anwendung im Einzelfall abhängig zu machen.

(3) Schließlich ist die Vertrauenswürdigkeit wissenschaftlichen Wissens eng mit sozialen Prozessen verknüpft, insbesondere dann, wenn wissenschaftlich begründete (Politik-)Empfehlungen ausgesprochen werden. Wissenschaftliche Empfehlungen sollen zuvor festgelegte Ziele befördern – enthalten also z. T. offene oder versteckte normative Vorstellungen. Öffentliches Vertrauen in wissenschaftliche Empfehlungen ist insbesondere dann gefährdet, wenn auch Interessen nicht-wissenschaftlicher Interessengruppen und PolitikerInnen in ihnen aufgehen. Wenn darüber hinaus die Interessen und Bedürfnisse anderer Bevölkerungsgruppen nicht berücksichtigt werden, fördert dies den Vertrauensverlust (Carrier 2010, S. 208).

2.3 Vertrauensbeziehungen zwischen Laien und WissenschaftlerInnen

Die Möglichkeit einer Vertrauensbeziehung zwischen Laien und WissenschaftlerInnen (oder ExpertInnen) hängt laut Jon Leefmann (2020) maßgeblich von der Frage ab, ob dieses Vertrauensverhältnis für die Laien risikobehaftet ist und das Vertrauen prinzipiell nicht nur enttäuscht, sondern auch betrogen werden kann. Eine solche Vertrauensbeziehung lässt sich wie folgt auf Basis der *sozialen Rolle* des ExpertInnentums begründen. Selbst wenn Laien keine engen, persönlichen Beziehungen zu ExpertInnen pflegen, treten sie ihnen nicht als „neutrale Beobachter" gegenüber (Leefmann 2020, S. 96): Sofern ExpertInnen gesellschaftlich als solche identifiziert werden, kommt ihnen neben ihrer Rolle als epistemische Autorität auch die angesprochene soziale Funktion zu, aufrichtige, verlässliche und kompetente InformantInnen zu sein (siehe Abschnitt 1.3.1). Diese soziale Rolle geht mit normativen Erwartungen einher, denen ein/e ExpertIn als Vertrauensnehmer/in gerecht werden muss. Unaufrichtiges Berichten oder das Vortäuschen von Fachkompetenz würden einen klaren Bruch innerhalb der Laien-ExpertInnen-Beziehung darstellen. Aus diesen Gründen lässt sich das Verhältnis von Laien zu ExpertInnen als eine Vertrauensbeziehung interpretieren. Da Laien in der Hauptsache Interesse an epistemischen Leistungen und der Lösung epistemischer Probleme von WissenschaftlerInnen zeigen, bietet es sich an, in Bezug auf Vertrauensbeziehungen zwischen Laien und ExpertInnen von *epistemischem Vertrauen* zu sprechen (Bromme 2020, S. 118).

ExpertInnen sollten davon absehen, Vertrauen von Laien einzufordern, da dies der Eigenlogik und dem Selbstverständnis einer an Wahrheitssuche orientierten Unternehmung wie der Wissenschaft widerspricht, welche nicht mit absoluten Autoritätsansprüchen auftritt. Die prinzipielle Fehlbarkeit der Urteile ist fester Bestandteil jeder nicht-formalen Wissenschaft, sodass eine Forderung nach (gezwungenermaßen) blindem Vertrauen der Laien unvereinbar mit den wissenschaftseigenen epistemischen Prinzipien wäre. Eine kritische Geisteshaltung und regelmäßige Selbstkontrollen sind wichtige Aspekte wissenschaftlicher Integrität und sollten daher auch bei Laien bestärkt und gefördert werden. Epistemische Autorität kann nicht eingefordert, sondern nur durch epistemisch vertrauenswürdiges Verhalten etabliert und erhalten werden. Die aufrichtige wissenschaftliche Einstellung eines/r WissenschaftlerIn lässt sich unter Umständen gerade daran erkennen, dass er oder sie Laien zu eigenständigem Denken motiviert und ihre intellektuelle Freiheit respektiert. In der Fülle der Informationsquellen müssen sich die Wissenschaften als besonders vertrauenswürdig beweisen, wenn sie als eine integre „Gemeinschaft von Wahrheitssuchenden" wahrgenommen werden wollen (Leefmann 2020, S. 100).

2.4 Empirische Forschung zu Wissenschaftsvertrauen

Das Vertrauen in Wissenschaften und WissenschaftlerInnen wird fortwährend empirisch untersucht. In diesem Abschnitt werde ich auf die wichtigsten Ergebnisse dieser Forschung eingehen, die hauptsächlich auf persönlichen und telefonischen Interviews beruht.

Die Stärke des Vertrauens von Laien in ExpertInnen ist nach empirischen Befunden von mehreren Faktoren abhängig. Zum einen tragen individuelle (dispositionale) Bedingungen zu einer Differenzierung der Bereitschaft bei, gesellschaftlich etablierten epistemischen Autoritäten zu vertrauen. Zum anderen wird Wissenschaftsvertrauen durch eine Reihe situativer Bedingungen, wie dem allgemeinen „Vertrauensklima", einer Gesellschaft beeinflusst: Im Wellcome Trust Monitor 2019 zeigte sich, dass allgemeines Vertrauen in Regierung, Gerichtswesen und Militär stark mit Vertrauen in Wissenschaft korreliert (Gallup 2019, S. 61).

Des Weiteren wurde festgestellt, dass für das Vertrauen von VertrauensgeberInnen die *Plausibilität* der Aussagen der VertrauensnehmerInnen von entscheidender Bedeutung sind: Je plausibler die ExpertInnen-Aussagen den VertrauensgeberInnen erscheinen, desto vertrauenswürdiger erscheinen ihnen die Sprechenden. Dieser Zusammenhang lässt sich auch in entgegengesetzter Richtung feststellen: Aussagen einer als vertrauenswürdig geltenden Quelle wird mehr Plausibilität zugesprochen (Bromme 2020, S. 119). Levy (2019) zufolge führt eine kognitive Verzerrung, passenderweise „epistemischer Individualismus" genannt, dazu, dass eigenen Plausibilitätsbeurteilungen mehr Gewicht beigemessen wird als der Überprüfung der Vertrauenswürdigkeit einer Quelle. Dies habe weniger mit mangelndem Wissen oder defizitärer menschlicher Rationalität zu tun, sondern sei vielmehr der Ausdruck der Überschätzung der *individuellen* deliberativen Fähigkeiten, bei gleichzeitiger Unterschätzung der *kollektiven* deliberativen Fähigkeiten von Gruppen. Wenn ein wissenschaftlicher Konsens von Individuen in Zweifel gezogen wird, könnte dies somit an ihrer Auffassung liegen, dass sie als Einzelperson genauso gut wie die Gruppe konsensbildender WissenschaftlerInnen in der Lage seien, die verfügbare Evidenz zu bewerten – so auch zu Klimawandel und COVID-19-Impfungen (Levy 2019, S. 320). Dabei präferierten sie ihre eigene Einschätzung sogar, weil sie korrekterweise davon ausgehen, dass wissenschaftlicher Konsens ein Produkt kollektiver Deliberation darstellt. Die Wahrnehmung wissenschaftlichen Konsenses und Dissenses und ein entsprechender Zusammenhang mit Wissenschaftsvertrauen wird in Abschnitt 2.5.3 erneut aufgegriffen.

Laut der Befragungen von Wissenschaft im Dialog (2018, 2021) besteht in einem Großteil der deutschen Bevölkerung ein allgemeines Vertrauen in „die Wissenschaft und Forschung"[2] (2018: 54 %; 2021: 61 %). Zugleich ist die Gruppe derjenigen, die der Wissenschaft überhaupt nicht vertrauen, eine stabile, relativ kleine Minderheit (2018: 7 %; 2021: 6 %). Eine relevante Gruppe von zwischen 39 % (2018) und 32 % (2021) der Bevölkerung sind sich jedoch *nicht sicher*, ob sie der Wissenschaft vertrauen können. Über den Verlauf der COVID-19-Pandemie ist diese Gruppe der *Unsicheren* von zwischenzeitlich 20 % (Frühjahr 2020) auf 32 % (2021) angewachsen, nachdem die Gruppe vorpandemisch mit knapp 40 % als verhältnismäßig groß einzuschätzen ist. Die Gruppe der Unsicheren scheint mir eine sehr relevante Zielgruppe wissenschaftlicher Aufklärungsarbeit zu sein da zu hoffen ist, dass unsichere Personen wissenschaftlichen Aufklärungsangeboten gegenüber noch nicht verschlossen sind.

Das Vertrauen in wissenschaftliche Themen scheint jedoch von der spezifischen Fragestellung abzuhängen. So stellte das Pew Research Center (2015) in der US-Bevölkerung je nach Fragestellung kleinere bis erhebliche Abweichungen der Bevölkerungsmeinung gegenüber WissenschaftlerInnen zu wissenschaftlichen Themen fest. Abgefragt wurden unter anderem die Sicherheit genmodifizierter Lebensmittel (37 % der Befragungsstichprobe und 88 % der WissenschaftlerInnen halten diese für sicher), die Notwendigkeit von MMR-Kinder-Impfungen (68 % der Befragungsstichprobe gegenüber 86 % der WissenschaftlerInnen halten diese für notwendig), der menschengemachte Klimawandel (50 % der Befragungsstichprobe gegenüber 87 % der WissenschaftlerInnen sind vom anthropogenen Klimawandel überzeugt) oder auch die Evolution des Menschen (65 % der Befragungsstichprobe sind gegenüber 98 % der WissenschaftlerInnen von der Evolution des Menschen überzeugt). Der Vertrauensunterschied, der sich bei allgemeinen Fragen nach „der Wissenschaft" und konkreten Fragestellungen wie diesen bemerkbar macht, lässt sich laut Bromme (2020, S. 115) durch die unterschiedliche lebensweltliche Relevanz der angefragten Themen erklären. So scheint Vertrauen in Wissenschaft zu einem großen Teil an die konkreten epistemischen Erwartungen bezüglich lebensweltlicher Problemlösungen gekoppelt zu sein. Die Entstehung dieser Lösungen scheint jedoch vielen Menschen unbekannt zu sein. Etwa 40 % der Menschen, welche bei Wissenschaft im Dialog (2018) befragt wurden, konnten keine zutreffende Antwort darauf geben, was es bedeutet, etwas wissenschaftlich zu untersuchen. Trotz der Diversität der Antworten zu konkreten Themenbereichen korreliert „allgemeines" Wissenschaftsvertrauen

[2] Der genaue Wortlaut in den Umfragen lautet: „Wie sehr vertrauen Sie Wissenschaft und Forschung?".

zwischen Ländern mit dem „spezifischen“ Wissenschaftsvertrauen (Gallup 2019, S. 123).

Die Befragung des Wissenschaftsbarometers macht deutlich, dass der gravierendste Grund für Misstrauen in WissenschaftlerInnen die Sorge vor einer zu hohen finanziellen Abhängigkeit von GeldgeberInnen ist (2018: 64 % Zustimmung; 2021: 48 %). Die Verletzung epistemischer Werte – hier: das Manipulieren der Daten entsprechend den Erwartungen der WissenschaftlerInnen – bestätigten nur noch 38 % (2018) und 25 % (2021) der Befragten als Misstrauensgrund. Enttäuschung in die Expertise stellte hingegen nur für 18 % (2018) und 20 % (2021) der Befragten einen möglichen Grund für Misstrauen in WissenschaftlerInnen dar.

Diese Ergebnisse sind insofern verwunderlich, als die mediale Aufmerksamkeit, die COVID-19-LeugnerInnen und Expertise-LeugnerInnen während der COVID-19-Pandemie zukam, ein größeres Lager an stark wissenschaftsskeptischen deutschen BürgerInnen vermuten ließ. Diese Diskrepanz lässt sich zum einen dadurch erklären, dass WissenschaftsskeptikerInnen während der Pandemie eine verhältnismäßig große Aufmerksamkeit geschenkt wurde, während ein größerer, weit weniger kritisch eingestellter Teil der Bevölkerung medial unterrepräsentiert blieb – ein Effekt, der sich vermutlich bereits durch die Polarisierungslogik der auf Aufmerksamkeit angewiesenen Massenmedien erklären lässt. Eine andere Möglichkeit – und diese Möglichkeiten schließen sich nicht gegenseitig aus – ist, dass die Selbstzuordnung zu Kategorien wie ‚*skeptisch / unsicher / sicher* bezüglich der Vertrauenswürdigkeit von Wissenschaft eingestellt‘ in Befragungsstudien auf unterschiedliche Weise nicht im gewünschten Sinne robust ist. Es ist durchaus denkbar, dass Personen sich im persönlichen Gespräch nicht als „skeptisch“ gegenüber der Wissenschaft einordnen möchten, da sie dies als nicht sozial erwünscht wahrnehmen.[3] Darüber hinaus ist davon auszugehen, dass diejenigen, die während der Pandemie unsicher waren, ob sie der Wissenschaft vertrauen können, einen nicht unerheblichen Teil derjenigen ausmachten, die sich letztlich eher skeptisch gegenüber Impfempfehlungen und Infektionsschutzmaßnahmen äußerten. Nicht zuletzt spiegelt die deutsche Impfquote eine „Impflücke“ wider, die deutlich größer ist, als der Prozentsatz der skeptisch eingestellten Personen vermuten ließe.[4]

[3] Für eine Erläuterung des Phänomens der sozialen Erwünschtheit siehe Hossiep 2019.

[4] Zum Zeitpunkt der Erstellung dieser Arbeit (07.09.2022), d. h. knapp 21 Monate nach der Zulassung des ersten Impfstoffs, sind noch immer 18,4 Millionen Deutsche nicht geimpft (22,1 %), wohingegen nur für 4,0 Millionen (4,8 %) dieser Personen (von 0–4 Jahren) kein zugelassener Impfstoff zur Verfügung steht (Impfdashboard 2022).

2.5 Gründe des Misstrauens

In diesem Abschnitt behandle ich vier Arten von Gründen, welche entscheidend zu Misstrauen in die Wissenschaft beitragen können.

2.5.1 Die Vermutung der Inkompetenz

Wissenschaftliche Inkompetenz liegt beispielsweise vor, wenn wissenschaftliche Ergebnisse oder Empfehlungen unzureichend gestützt sind und in der Folge (wiederholte) Fehlurteile gefällt werden. Zum Leidwesen des Wissenschaftsvertrauens lassen sich grundsätzlich nachvollziehbare, epistemische Irrtümer von Außenstehenden nicht immer trennscharf von tatsächlicher Inkompetenz abgrenzen. Man denke nur an die Erfindung des Antibiotikums, welches als Siegbringer gegen Infektionskrankheiten bezeichnet wurde – ein Versprechen, das weitestgehend wieder zurückgenommen werden musste. Auch wurden Warnungen vor einem „Millenniumsbug“ ausgesprochen und vor der „Schweinegrippe“, die in der befürchteten Form oder Stärke nie eintraten (Carrier 2020, S. 374). Wo genau bei diesen Ereignissen Fehlannahmen getroffen wurden und ob sie auf Inkompetenz oder auf dem jeweils besten verfügbaren Wissen beruhten, lässt sich oft erst im Nachhinein beurteilen bzw. rekonstruieren. Auch die weitläufige Nicht-Replizierbarkeit wissenschaftlicher Ergebnisse, die unter dem Titel der *Replikationskrise* bekannt ist, wirft ein schlechtes Licht auf die Verlässlichkeit und Vertrauenswürdigkeit wissenschaftlicher Forschung (Hubbard und Carriquiry 2019; Open Science Collaboration 2015; Watts et al. 2018).

In der Anwendungsforschung kann aufgrund der folgenden Dynamik der Eindruck der Inkompetenz von WissenschaftlerInnen verstärkt werden: Die von Politik und Gesellschaft an WissenschaftlerInnen herangetragenen Problemstellungen sind in der Regel nicht an Kriterien einer sinnvollen Bearbeitung durch die WissenschaftlerInnen bemessen. Dies liegt unter anderem daran, dass im Gegensatz zu der Suche nach möglichst allgemeinen Regularitäten die Erforschung lebensweltlich hilfreicher Einzel-Antworten für WissenschaftlerInnen ungewohnte Probleme aufwirft. Die Bearbeitung einzelner, konkreter Probleme erfordert in der Regel eine inter- und transdisziplinäre Zusammenarbeit und Problemlösung, bei der unterschiedliche Theorien und Wissenschaftszweige miteinander kombiniert werden müssen. Dies begünstigt Überforderung und epistemisches Scheitern der WissenschaftlerInnen angesichts von Aufgaben, die nicht oder nur bedingt an den Wissensstand anschlussfähig sind. Erschwerend kommt hinzu, dass sich die Ergebnisse ihrer Lösungsversuche an nicht-epistemischen Kriterien wie Effizienz, ökonomischem oder sozialem Nutzen sowie Umweltverträglichkeit messen lassen müssen – also an Kriterien, die auf Werturteilen beruhen und nicht notwendigerweise mit den ursprünglich verfolgten epistemischen Forschungszielen vereinbar sind (Carrier 2010, S. 200).

Skeptischen Sichtweisen auf die Wissenschaft stehen in der Öffentlichkeit häufig zu unkritische Idealisierungen gegenüber, die die Vorzüge und Erfolge wissenschaftlichen Handelns hervorheben. Die Vorstellung, dass Wissenschaft kontinuierlich fortschreitet und kumulativ gesichertes Wissen liefert, scheitert jedoch an den Unsicherheiten, bedingten Wahrscheinlichkeiten und Fällen wissenschaftlich-epistemischen Scheiterns, die zum normalen Wissenschaftsbetrieb gehören. Die Irrtumsanfälligkeit wissenschaftlicher Erkenntnisse wird jedoch aufgrund des erzeugten falschen Kontrastes von WissenschaftlerInnen fälschlicherweise als „völlige Unkenntnis" aufgefasst (Carrier 2020, 386). Dabei wird übersehen, dass Wissensansprüche mit unterschiedlichen Graden empirischer Absicherung auftreten und prinzipiell die Möglichkeit ihrer vollständigen Revidierbarkeit besteht (– aus epistemischen Gründen auch bestehen sollte).

Abgesehen von den Fällen, in denen wissenschaftliche Erkenntnisse und Empfehlungen aus forschungspragmatischen Gründen unsicher, einseitig oder verzerrt sind, können sie jedoch auch aus guten Gründen einseitig oder verzerrt werden. Denn verantwortungsvolle Forschung, die lebensweltlich relevante Ergebnisse hervorbringt, muss immer auch die möglichen nicht-epistemischen Folgen des eigenen Irrtums einkalkulieren. Hierzu eine kurze Erläuterung: In der Forschung werden falsch-negative Ergebnisse falsch-positiven vorgezogen, da erstere für (zu) strenge epistemische Standards sprechen, letztere hingegen für eine vorschnelle Akzeptanz und zu schwache epistemische Standards (Carrier 2010, S. 205). Wenn aus wissenschaftlichen Empfehlungen direkte gesellschaftliche Konsequenzen in Form von politischen Handlungen oder der Zulassung einer neuen Behandlungsmethode zu erwarten sind, muss eine Gewichtung des *induktiven Risikos* vorgenommen werden, welche die Schwere der möglichen Konsequenzen falsch-negativer respektive falsch-positiver Ergebnisse auf Basis nicht-epistemischer Werte einordnet. Diese Werte können sich beispielsweise auf die Vermeidung möglicher Schäden an Personen und Umwelt beziehen, jedoch auch gesellschaftliche Ziele über die Schadensbegrenzung hinaus reflektieren. Bei bestehender wissenschaftlicher Unsicherheit und der gleichzeitigen Notwendigkeit politischer Empfehlungen *sollten* Berücksichtigungen induktiver Risiken somit erst recht eine wichtige Rolle spielen: Die angenommenen enormen ökologischen Folgen eines möglichen Klimawandels sollten bei der Entscheidung über politische Maßnahmen in Richtung Dekarbonisierung, erneuerbare Energien und Hochwasserschutz relevant sein. Eine fälschliche (falsch-negative)

Ablehnung der Hypothese anthropogenen Klimawandels wäre mit immensen ökologischen, ökonomischen und gesellschaftlichen Kosten verbunden, während eine fälschliche (falsch-positive) *Annahme* des anthropogenen Klimawandels hauptsächlich mit den Kosten verbesserter Umweltstandards einherginge (Carrier 2010, S. 206). Wissenschaftliche Empfehlungen können von außen gerade deshalb als überzogen, realitätsfern oder unnötig restriktiv wahrgenommen werden, weil sie induktive Risiken berücksichtigen.

2.5.2 Die Vermutung der Abhängigkeit

Sobald Zweifel daran bestehen, dass WissenschaftlerInnen einen unparteiischen und unabhängigen Standpunkt einnehmen, verlieren ihre Aussagen und Empfehlungen für andere an Wert. Wie bereits die Ergebnisse des Wissenschaftsbarometers gezeigt haben, ist die vermutete Abhängigkeit der Forschenden von den Interessen Dritter der wichtigste Grund für Misstrauen in der Bevölkerung. Wegen der Lebensnähe medizinischer Probleme sind Arzneimittelskandale oder Betrugsfälle wie der Contergan-Skandal für das Vertrauen in die Arzneimittelforschung besonders schwerwiegend.[5] Auch haben sich WissenschaftlerInnen in mehreren bekannten Fällen zu politischen Zwecken instrumentalisieren lassen. Interessierte politische Kreise „mieteten" sich ExpertInnen, um beispielsweise die Schädlichkeit des Rauchens oder die Schädlichkeit des Insektizids DDT herunterzuspielen und den anthropogenen Klimawandel zu leugnen (Oreskes und Conway 2012; Proctor 2011). Als ernüchternde Beispiele für den Missbrauch wissenschaftlicher Autorität geben sie einer skeptischen Öffentlichkeit Anlass zu der Vermutung, dass solche Verquickungen in der Wissenschaft viel häufiger vorkommen könnten, als von außen sicher zu erkennen ist.

Die Verflechtung von politischen Interessen und wissenschaftlicher Forschung hat aber noch weitere Konsequenzen. WissenschaftlerInnen müssen sich nun gefallen lassen, dass hinter jedem ihrer Erkenntnisse, die einen politischen Bereich berühren, eine politische Agenda vermutet werden kann (Levy 2019). Obwohl solche Unterstellungen in vielen Fällen nicht gerechtfertigt sind, haben sie zu einem generellen Misstrauen gegenüber der Wissenschaft beigetragen (Carrier 2010, S. 209).

---

[5] Eine informative Aufarbeitung bietet das Contergan-Infoportal (2022).

2.5.3 Das Dissens-Problem

Das Auftreten innerwissenschaftlichen Dissenses ist Teil gewöhnlicher wissenschaftlicher Arbeit. Dissens weist im Idealfall darauf hin, dass epistemische Prozesse in Bezug auf ein wissenschaftliches Problem oder einen Untersuchungsgegenstand noch nicht abgeschlossen sind. In der Auseinandersetzung miteinander haben WissenschaftlerInnen jedoch die Chance, eigene Fehler in der Datenerhebung, Interpretation und Theoriebildung zu erkennen und schließlich einen wissenschaftsfeldinternen Konsens zu erreichen.

Aus wissenschaftstheoretischer Sicht ist es besonders bedauerlich, dass durch die Erzeugung von falschem Dissens innerhalb der Wissenschaften Außenstehenden Anlass gegeben wird, wissenschaftlichem Dissens generell mit Skepsis zu begegnen. Das kontroverse innerwissenschaftliche Diskutieren über Dateninterpretationen, Theorien und Projektionen wird folglich weniger als epistemischer Prozess wahrgenommen (Carrier 2020, S. 385). Stattdessen steht nun die mögliche Umdeutung des epistemischen Dissenses als außerwissenschaftlicher Interessenkonflikt im Raum, in dem mindestens eine der beteiligten Parteien außerwissenschaftliche Interessen mit angeblichen „wissenschaftlichen Erkenntnissen" zu rechtfertigen versucht. Laien erklären sich wissenschaftlichen Dissens sogar typischerweise damit, dass die KontrahentInnen unterschiedliche Motive und Ziele verfolgten – und nicht etwa mit der Parallelität konkurrierender wissenschaftlicher Erklärungen, die in ambivalenten Daten begründet ist. Interessenbedingte Verzerrungen von Fakten sind schließlich nicht nur aus der Wissenschaft bekannt – auch Politik, Journalismus oder der private Alltag unterliegen vielfältigen Interessenkonflikten. Für Laien kann es aufgrund mangelnder Fachkompetenz leichter sein, mutmaßliche Interessenskonflikte zu ergründen, als sich ein inhaltliches Urteil über den fraglichen Forschungsgegenstand zu bilden (Bromme 2020, S. 123–124). Diese Abwertung des offenen wissenschaftlichen Diskurses ist gravierend, da ein epistemischer und Meinungspluralismus für die Wissenschaften zentral ist und die Verlässlichkeit wissenschaftlicher Erkenntnisse in der Regel erhöht. Wenn jedoch zu einer Vielzahl von lebensweltlichen Fragen von ExpertInnen unterschiedliche Empfehlungen gegeben werden, kann dies die vermeintliche Tragfähigkeit wissenschaftlicher Empfehlungen insgesamt untergraben (Carrier 2020, S. 374).

Der argumentative Verweis auf einen wissenschaftlichen Konsens birgt ein typisches Missverständnis in sich. Nicht selten wird der wissenschaftliche Konsens von SkeptikerInnen als voreilig und als zu einhellig charakterisiert. In der Einhelligkeit der Meinungen führender WissenschaftlerInnen komme so die

Unausgewogenheit wissenschaftlicher Arbeit zum Ausdruck, wobei mutmaßlich relevante, gegenläufige Evidenz außer Acht gelassen worden sei (Carrier 2020, S. 375). Wissenschaftlicher Konsens kommt jedoch idealerweise erst nach langwieriger Deliberation, unter Verwendung diverser Methodologien und unter Berücksichtigung vieler denkbarer Alternativhypothesen zustande. Wissenschaftlicher Konsens verweist somit auf das Resultat eines Vorgangs, der sich deutlich von einer alltäglichen Konsensfindung, z. B. im Sinne eines Kompromisses, unterscheidet.

2.5.4 Die Vermutung der Alltagsferne

Durch die Verengung der Forschung auf sehr spezifische Teilbereiche möglicher Fragestellungen kann der Eindruck entstehen, dass WissenschaftlerInnen ausschließlich sehr spezifische oder kleinteilige Themen bearbeiten. Dies zeigt sich wiederum am Beispiel der pharmazeutischen Forschung, die stark auf patentierbare Medikamente ausgerichtet ist. Eine solche Verengung des Fragespektrums kann objektiv zu einer verzerrten Datenlage sowie zu einer verzerrten Wahrnehmung des Forschungsfeldes führen (Carrier 2020, S. 375). Die Wahrnehmung eines solchen wissenschaftlichen Vorgehens kann für Laien entmutigend sein, da nicht der Eindruck erweckt wird, die Forschenden seien an lebensweltlichen, medizinischen Problemlösungen abseits der profitorientierten Arzneimittelentwicklung interessiert. Es bleibt zu betonen, dass pharmazeutische Forschung unter den Wissenschaften als Sonderfall hervorsticht.

Wenn ExpertInnen Empfehlungen abgeben, die relevante lokale Gegebenheiten und Anliegen nicht berücksichtigen, besteht für Außenstehende Grund zu der Annahme, dass kein Kontakt zu den Menschen vor Ort besteht, die von den möglichen Konsequenzen der Empfehlung (z. B. politischen Maßnahmen) betroffen sein werden. Ein solcher Eindruck hat negative Auswirkungen auf die ausgesprochene Empfehlung, da aus Sicht der Betroffenen infrage gestellt werden muss, ob der oder die ExpertIn überhaupt etwas Substanzielles zu einer lokalen Problemlösung beizutragen hat (Carrier 2010, S. 208). Wenn z. B. ein Klimaforscher empfiehlt, zur Reduzierung der allgemeinen CO_2-Emissionen auf Inlandsflüge ganz und auf Autofahrten weitgehend zu verzichten und stattdessen verstärkt öffentliche Verkehrsmittel zu nutzen, können sich Teile der ländlichen Bevölkerung übergangen fühlen, da sie häufig auf das Auto angewiesen sind und die öffentlichen Verkehrsmittel selten fahren, schlecht ausgebaut sind und die Knotenpunkte zum Teil weit entfernt liegen. Zudem könnte der Aufruf zum Verzicht auf Inlandsflüge für die ländliche Bevölkerung eher unpassend sein und als

Hinweis darauf gedeutet werden, dass der Hinweisgeber die Lebenswelt seiner Zielgruppe nicht im Blick hat. Eine solche offensichtliche Missachtung kann zu dem Gefühl beitragen, dass die Forschenden nicht mit den Adressaten ihrer Hinweise in Kontakt stehen und dass ihre Empfehlungen wenig relevant sind. Wann immer es um praktische Problemlösungen geht, bei denen eine Vielzahl von BürgerInnen beteiligt sein soll, muss die Vertrauenswürdigkeit und die Relevanz der zugrundeliegenden wissenschaftlichen Erkenntnisse und Expertise überzeugend vermittelt werden. Zu diesem Zweck ist es unerlässlich, gute Erklärungsarbeit zu leisten, und die konkreten Problemstellungen lebensweltnah zu vermitteln.

Die Vermittlung komplexer Sachverhalte kann jedoch bereits dann schwierig sein, wenn das gesamte Fachvokabular in der für WissenschaftlerInnen üblichen Weise verwendet werden kann – z. B. bei einer Fachkonferenz. Die Aufbereitung wissenschaftlicher Erklärungen für ein wissenschaftsfremdes Publikum wirft zusätzliche Schwierigkeiten auf. Die für empirisch arbeitende Wissenschaften typischen Unsicherheitsgrade von Ergebnissen und Prognosen, die nach wissenschaftlichen Konventionen formuliert werden, können von Außenstehenden unter Umständen als Unbestimmtheit oder Ungewissheit des untersuchten Sachverhalts selbst missverstanden werden. Die konventionelle Sprache der empirischen Unterbestimmtheit wird daher von den WissenschaftskritikerInnen strategisch eingesetzt, um mit populistischen Argumenten das wissenschaftliche Geschehen insgesamt in Frage zu stellen (siehe Abschnitt 2.7 zur strategischen Wissenschaftsskepsis).

Neue wissenschaftliche Erkenntnisse sind in Form von Fachpublikationen für die meisten Menschen in Ermangelung des Hintergrundwissens nicht oder nur schwer verständlich. Dies gilt zum Teil sogar für Publikationen mit hoher politischer und gesellschaftlicher Relevanz, wie das US-amerikanische *Fourth National Climate Assessment* oder auch die Aussagen des deutschen Umweltbundesamtes zum Klimawandel (Reidmiller et al. 2018; Umweltbundesamt 2016). Diese Informationsquellen, die offensichtlich mit einem Aufklärungsauftrag auftreten, erscheinen für Laien in vielerlei Hinsicht unzugänglich und erfordern von einer wissenschaftlich nicht vorgebildeten Leserschaft unter Umständen eine gewisse Frustrationstoleranz (Götz-Votteler und Hespers 2020, S. 308). Interessierte sind daher auf eine verlässliche Wissenschaftskommunikation angewiesen, die jedoch in der Regel nicht von den WissenschaftlerInnen selbst betrieben wird. Dies kann dazu führen, dass sich die Menschen bei der Beantwortung wissenschaftlicher Fragen allein gelassen fühlen und stattdessen auf einfache Erklärungen zurückgreifen, die falsch oder irreführend sein können (Götz-Votteler und Hespers 2020, S. 308).

2.6 Wissenschaftsvertrauen und kognitive Verzerrungen

Jeder Mensch unterliegt bei der Aufnahme und Verarbeitung von Informationen[6] verschiedenen kognitiven Verzerrungen (Biases), die je nach Persönlichkeitsmerkmalen und sozialem Umfeld unterschiedlich stark ausgeprägt sind. In sozialen Netzwerken sind sie in der Regel stärker, da sie durch technologische Effekte wie Filterblasen oder Echokammern verstärkt werden (Könneker 2020, S. 428). Diese Verzerrungen und Effekte wirken sich negativ auf epistemische Desiderate aus, da sie die Wahrheitssuche messbar erschweren oder verhindern (siehe Baron und Hershey 1988; Wason 1960; oder zur Übersicht: Tversky und Kahneman 1974). Selbst wenn Personen über typische kognitive Verzerrungen Bescheid wissen, schützt sie dieses Wissen nicht davor, diesen Verzerrungen zu unterliegen. Im Folgenden stelle ich entlang der Auswahl von Könneker (2020) einige der kognitiven Verzerrungen vor, die im Kontext von Wissenschafts- und Expertiseleugnung besonders relevant erscheinen: Bestätigungsfehler, Bezugsgruppenfehler, motiviertes Denken, Backfire-Effekt, Gruppenpolarisierung, Gefühlsansteckung sowie (mangelndes) Metawissen.

2.6.1 Bestätigungsfehler (Confirmation Bias)

Personen unterliegen dem Bestätigungsfehler bei der Auswahl, Deutung und Erinnerung von Informationen, indem sie dazu neigen, ihre bereits bestehenden Überzeugungen und Werte zu stützen oder zu bestätigen. Dies steht im Einklang mit den in Abschnitt 2.4 erläuterten Ergebnissen, wonach der statistisch wichtigste Prädiktor für Vertrauenszuschreibungen die Übereinstimmung der Aussagen der Vertrauensnehmerin mit denen der Vertrauensgeberin ist (Bromme 2020, S. 124). Der Bestätigungsfehler kann sich einerseits darin äußern, dass eine wissenschaftsskeptische Person nach Informationsquellen filtert, die ihrer Skepsis entsprechen, und dabei wissenschaftliche Quellen eher vernachlässigt. Zum anderen neigen auch wissenschaftsaffine Personen zu einer Verengung ihrer Informationsauswahl und -verarbeitung, indem sie wissenschaftsskeptischen Informationen weniger Beachtung schenken. Durch algorithmisch vorsortierte

---

[6] Mit *Information* sind hier z. B. Nachrichten aller Art, Gespräche, (wissenschaftliche) Mitteilungen, Meinungsbeiträge, aber auch so etwas wie Sinneseindrücke gemeint – also alles, was psychologisch für die Bildung, Verstärkung und Auflösung von Überzeugungen relevant ist. Es handelt sich dabei dezidiert nicht um ein informationstechnologisches Verständnis des Begriffs.

Informationsvorschläge in sozialen Netzwerken bilden sich sowohl bei den Wissenschaftsskeptikern als auch bei den Wissenschaftsaffinen annähernd homogene, aber gegeneinander polarisierte Gemeinschaften (Bromme 2020, S. 124; Del Vicario et al. 2016; McIntyre 2019). In der Wissenschaft wird üblicherweise versucht, den Bestätigungsfehler zu vermeiden, z. B. durch institutionalisierte Kritik in Form von Peer Reviews.

2.6.2 Bezugsgruppenfehler (Partisan Bias)

Diese kognitive Verzerrung beschreibt die Tendenz, Inhalte, Informationen und Meinungen der eigenen Bezugsgruppe als besser, genauer und zuverlässiger zu bewerten als die von Personen außerhalb dieser Gruppe. Die Umkehrung dieses Effekts, d. h. die Abwertung der Informationen von Personen außerhalb der eigenen Bezugsgruppe, ist besonders stark ausgeprägt, wenn der Informant oder die Informantin einer Gruppe angehört, die der eigenen Bezugsgruppe polarisiert gegenübersteht. Die Inhalte der „Outgroup" werden oft als inkohärent, fehlerhaft, ideologisch motiviert und wenig verlässlich bewertet. Durch verallgemeinernde Bezeichnungen von Angehörigen fremder Gruppen werden relevante Unterscheidungen vernachlässigt und durch Pauschalisierungen Institutionen und ganzen Gruppen z. B. negative Agenden oder Eigenschaften zugeschrieben.

2.6.3 Motiviertes Denken (Motivated Reasoning)

Unter motiviertem Denken wird eine Reihe von kognitiven Verzerrungen zusammengefasst, die eine neutrale Informationsverarbeitung verhindern und gezogene Schlüsse aufgrund innerer Beweggründe verzerren. Insofern können auch der Bestätigungsfehler und der Bezugsgruppenfehler unter motiviertes Denken fallen. In einem engeren Sinne aufgefasst zielt motiviertes Denken jedoch auf die Vermeidung kognitiver Dissonanz ab (Könneker 2020, S. 429). Kognitive Dissonanz beschreibt den unangenehmen psychischen Zustand, in dem die Werte und/oder Überzeugungen einer Person im Widerspruch zu neuen Informationen stehen. Der entstehende Stress wird in der Regel dadurch reguliert, dass man an dem festhält, was man bisher geglaubt hat, und neue, widersprüchliche Informationen abwertet (siehe Bestätigungsfehler). Motiviertes Denken wird in der Wissenschaftsvertrauensforschung häufig als Erklärung für die Wirkung strategischer Wissenschaftsskepsis angeführt (vgl. Abschnitt 2.7), da die soziale Gruppenzugehörigkeit und das Bekenntnis zu einem bestimmten Wertesystem die

Akzeptanz wissenschaftlicher Erkenntnisse stark beeinflussen. Wenn die Implikationen wissenschaftlicher Erkenntnisansprüche das eigene Wertesystem oder gar die (Gruppen-)Identität bedrohen, wird diese kognitive Dissonanz aufgelöst, indem die Gültigkeit der Erkenntnisse zugunsten der eigenen Identität und Werte abgelehnt wird (Bromme 2020, S. 125; McIntyre 2019, S. 150).

2.6.4 Backfire-Effekt, Bumerang-Effekt

Dieser aus der Kommunikationspsychologie stammende Effekt beschreibt die Reaktion von Personen, die durch neutrale, geprüfte Informationen von uninformierten Überzeugungen abgebracht werden sollen. Ein solcher Überzeugungsversuch führt mitunter dazu, dass Personen ihren falschen Standpunkt mit einer größerer Vehemenz vertreten und sich nach der Exposition von Gegenargumenten vermehrt Gleichgesinnten zuwenden (Zollo et al. 2017). Dieser Effekt hat also das Potenzial, Polarisierungstendenzen zu verstärken.

2.6.5 Gruppenpolarisierung

Die Radikalisierung von Personen innerhalb einer Gruppe ist ein häufig beobachtetes Verhaltensmuster, welches die Polarisierung verschiedener Gruppen zur Folge hat. Dies liegt an den natürlichen Tendenzen von Personen, sich in Gruppen bevorzugt entlang bestimmter Stoßrichtungen zu äußern und sich mit kritischen Kommentaren eher zurückzuhalten. Verschärfungen des Tons oder der Argumente verschaffen dem oder der Sprechenden eine größere Aufmerksamkeit, mit der Folge der allmählichen Radikalisierung der GruppenmitgliederInnen (Könneker 2020, S. 430). Weitere Faktoren, die zur Radikalisierung beitragen, sind Konformitätsdruck oder die Angst, das Gesicht oder den sozialen Status innerhalb der Gruppe zu verlieren. Online-Kommunikation trägt durch (vermeintliche) Anonymität zur Senkung von Hemmschwellen und damit zu besonders extremen Meinungsäußerungen bei (Sia et al. 2002).

2.6.6 Gefühlsansteckung (Emotional Contagion)

Menschen lassen sich in Gruppenzusammenhängen von den Gefühlen ihrer Mitmenschen „anstecken" und passen sich ihnen an. Dies ist in vielen Zusammenhängen eine angemessene soziale Reaktion – man denke an das angemessene

Verhalten bei einer Beerdigung oder in einer Gefahrensituation, in der die richtige emotionale Einstellung der gesamten Gruppe für das Überleben des Einzelnen entscheidend ist. Doch führt Gefühlsansteckung auch dazu, dass Nutzer sozialer Netzwerke von den dort geäußerten Gefühlen und Meinungen beeinflusst und dazu veranlasst werden, die versprachlichten Gefühle durch Weiterverbreitung der Inhalte oder durch eigene Veröffentlichungen zu reproduzieren. Inhalte, die Wut erzeugen, werden dabei besonders häufig reproduziert, was auf den bereits dargestellten kognitiven Verzerrungen aufbaut und deren Auswirkungen weiter verstärkt (Berger und Milkman 2012).

2.6.7 Metawissen

Mit dem Konzept des Metawissens werden Annahmen beschrieben, die ein Individuum über sein eigenes Wissen (individuelles Metawissen) oder über das Wissen anderer (soziales Metawissen) hält (Bromme 2020, S. 128). Epistemische Abhängigkeiten zwischen Menschen in ausdifferenzierten Gesellschaften machen es notwendig, dass Laien die Grenzen ihrer eigenen Urteilsfähigkeit erkennen. Idealerweise sollten sie wissen, in welchen Situationen oder in Bezug auf welche Wissensbereiche sie sich vernünftigerweise auf ExpertInnenurteile stützen sollten. Inkorrektes Metawissen in dem Sinne, dass das individuelle Wissen in einem Wissenschaftsbereich überschätzt wird, geht aber häufig gerade mit besonders starken Überzeugungen über diesen Bereich einher. So konnte gezeigt werden, dass Personen, die gentechnisch veränderte Lebensmittel oder Impfungen besonders vehement ablehnten, im Vergleich am wenigsten über die entsprechende wissenschaftliche Forschung informiert waren (Fernbach et al. 2019; Motta et al. 2018). Dieser Umstand lässt sich beispielsweise darauf zurückführen, dass nicht angemessen zwischen eigenem Wissen und dem Wissen anderer unterschieden werden kann (Rabb et al. 2019). Eine realistische Einschätzung der Grenzen des eigenen Wissens ist entscheidend für die Fähigkeit, eigene Werte und Ziele bei der Bewertung neuer Informationen zurückzustellen (Bromme 2020, S. 129). Gutes Metawissen hat demnach einen Einfluss darauf, wie stark andere kognitive Verzerrungen, wie z. B. der Bestätigungsfehler, individuell ausgeprägt sind.

2.7 Strategischer Wissenschaftsskeptizismus – Agnotologische Manöver

Der Begriff der agnotologischen Manöver (*agnosia*, gr.: Unwissenheit) wurde zuerst von Robert N. Proctor geprägt, und ihre Bedeutung lässt sich am besten durch die gezielte Erzeugung und Aufrechterhaltung von Unwissenheit charakterisieren (Proctor 2008). Im deutschen Sprachraum lässt sich heute jedoch wohl etwas griffiger von strategischem Wissenschaftsskeptizismus sprechen. Dieser liegt z. B. dann vor, wenn durch künstliche, scheinbar wissenschaftliche Gegenpositionen Verwirrung und Zweifel an wissenschaftlichen Erkenntnissen und Quellen gestiftet werden sollen (Carrier 2020, S. 387). Die vertretenen Positionen werden ohne wissenschaftliche Grundlage mit dem Ziel vertreten, außerwissenschaftliche Interessen und Wertvorstellungen zu fördern. Diese Interessen und Werthaltungen können politisch, wirtschaftlich oder auch religiös gefärbt sein und spiegeln typischerweise die Interessen von politischen Parteien, ideologisch motivierten Stiftungen oder Think Tanks wider (Reutlinger 2020, S. 351).

In Anlehnung an Alexander Reutlinger treffe ich eine klärende Unterscheidung innerhalb der strategischen Wissenschaftsskepsis: die Abgrenzung des strategischen *Zweifels* von der strategischen *Forschung*. Strategischer Zweifel ist ein rein rhetorisches Mittel, das oftmals in Form von Angriffen auf wissenschaftliche Forschungsergebnisse auftritt. So wird häufig unter missverständlichem bis irreführendem Einbezug der wissenschaftlichen Unsicherheitsklauseln beispielsweise behauptet, es bestehe keine ausreichende Beweislage für einen bestimmten Erkenntnisanspruch. Auch verursacht eine ausreichende Menge an fehlinformierenden Quellen und Meinungsäußerungen eine falsche Ausgewogenheit (false balance), die über wissenschaftlichen Konsens hinwegtäuschen kann. Strategischer Zweifel findet sich auch in den vielbesprochenen *Fake News*, die zum einen das Ergebnis veränderter oder manipulierter Bilder, Videos und Texte sind, zum anderen frei erfundene Unwahrheiten darstellen (Götz-Votteler und Hespers 2020, S. 294–295). Strategische Desinformation wird als politische Taktik in „Fake-News-Fabriken“ mit international ausgerichteten Strategien regelrecht propagandistisch betrieben (Zuckerman 2017). Gezielt gestreute Falschinformationen sind erfolgreich in der Verstärkung von Wissenschaftsskepsis und daher eine rationale Strategie zur Verfolgung bestimmter politischer und ökonomischer Ziele (Könneker 2020, S. 438).

Strategische Forschung ist im Gegensatz zu strategischem Zweifel ein materielles Unterfangen, das die Beauftragung und Durchführung von Forschung umfasst, um scheinbar wissenschaftliche Gegenpositionen zu produzieren. Durch die Finanzierung und Förderung zweifelhafter bis fragwürdiger Forschung entstehen regelrechte PR-Kampagnen, die das Vertrauen in die Wissenschaft untergraben, indem sie den Eindruck wissenschaftlicher Kontroversen erwecken (McIntyre 2019, S. 149). Agnotologische Manöver erscheinen auf den ersten Blick moralisch und politisch höchst problematisch, da ohne Rücksicht auf die gesellschaftlichen Folgen Standards wissenschaftlicher Argumentation und Forschung verletzt und untergraben werden (Reutlinger 2020, S. 352). Gleichzeitig ist jedoch nicht offensichtlich, wie auch ihre mutmaßliche epistemische Kritikwürdigkeit zu begründen ist. Zu dieser Frage existieren unterschiedliche Ansätze, die ich im Folgenden darstelle.

Agnotologische Manöver sind in starkem Maße von außerwissenschaftlichen Werten und Interessen motiviert. Es scheint daher zunächst plausibel, ihre epistemische Kritikwürdigkeit mit dieser übermäßigen nicht-epistemischen Beeinflussung zu begründen. In der Wissenschaftsphilosophie ist das Ideal der Wertfreiheit der Wissenschaften jedoch seit langem umstritten. Die feministische Wissenschaftsphilosophie etwa hat sich von diesem Ideal weitgehend entfernt und nicht-epistemischen Werten – etwa bei der Auswahl von Forschungsfragen oder der Berücksichtigung induktiver Risiken – eine legitime Rolle in den Wissenschaften eingeräumt (vgl. Douglas 2000; Longino 1990). Der Einfluss nicht-epistemischer Werte scheint daher zumindest prinzipiell nicht im Widerspruch zu den Standards guter Forschung zu stehen.

Andere Ansätze konzentrieren sich auf die Rolle der empirischen Rechtfertigung agnotologischer Manöver. So ist z. B. die empirische Begründung strategischer Forschung in der Regel inhaltlich unzureichend, um ihre Ergebnisse zu rechtfertigen, während strategische Zweifel häufig mit prinzipiell unerfüllbaren Standards und Maßstäben gegen legitime Forschung vorgebracht werden (Douglas 2006). Überzogene Anforderungen an die empirische Begründung laufen z. B. auf die Forderung hinaus, dass Hypothesen logisch aus den Daten ableitbar sein müssen – eine Forderung, die außerhalb der formalen Wissenschaften unerfüllbar ist (Reutlinger 2020, S. 358).

Zu guter Letzt gibt es auch sozialerkenntnistheoretische Ansätze, die sich mit Begründungen der Kritikwürdigkeit von strategischem Wissenschaftsskeptizismus befassen. Hierbei stehen zumeist die sozialen Aspekte der Wissensproduktion und Mechanismen der wissenschaftlichen Qualitätskontrolle im Fokus. Strategischer Wissenschaftsskeptizismus sei demnach epistemisch vor allem deshalb kritikwürdig, weil die vorgebrachten Behauptungen nicht mit den sozialen Normen der Wissensproduktion oder der sozialen Qualitätskontrolle von Wissenschaft vereinbar seien. Die zugrundeliegenden Normen, Konventionen und methodischen

Standards spezifischer wissenschaftlicher Disziplinen würden dadurch unzulässig verletzt (Reutlinger 2020, S. 360–361; aber siehe auch Carrier 2018).

2.8 Verschwörungstheorien – die philosophische Debatte

Die Hypothesen, dass Neil Armstrong am 21.06.1969 seinen Fuß in ein Filmstudio statt auf die Mondoberfläche gesetzt habe, Lee Harvey Oswald nur Teil einer umfassenden Verschwörung zur Ermordung John F. Kennedys gewesen sei oder dass eine Unterwanderung der Erdbevölkerung durch Außerirdische bereits stattgefunden habe, sind als „klassische" Beispiele von Verschwörungstheorien[7] bekannt und sollten als solche nach allgemeiner Auffassung leicht von wissenschaftlichen Theorien unterschieden werden können (Keeley 1999, S. 111). Bei näherem Hinsehen gestaltet sich dies jedoch schwierig.

Als Verschwörungstheorien werden gemäß einer Minimaldefinition Erklärungen für historische Ereignisse bezeichnet, die dem Wirken einer im Geheimen agierenden Gruppe an mutmaßlichen VerschwörerInnen zugeschrieben werden. Diese Gruppe wird als entscheidender kausaler Akteur dargestellt, der eine Schlüsselrolle bei der Verursachung des fraglichen Ereignisses spielt. Unter diese Definition fallen aber auch eine ganze Reihe von Theorien über Ereignisse, an die wir in der Regel nicht denken, wenn wir von Verschwörungen sprechen: Entführungen, Betrugsfälle, Bestechung, Korruption oder auch Überraschungspartys (Coady 2012, S. 112). Es erscheint zumindest notwendig, die moralische Verwerflichkeit oder Rechtswidrigkeit des Vorhabens als weiteres Kriterium in die Definition aufzunehmen – doch auch jetzt lassen sich noch Gegenbeispiele finden.

Wenn von Verschwörungstheorien die Rede ist, schwingt in der Regel das Gefühl mit, dass sie in irgendeiner Weise epistemisch fehlgeleitet sind, obwohl Verschwörungen in der Geschichte keine Seltenheit waren (die Vertuschung

[7] Nach Götz-Votteler und Hespers (2020) entsprechen viele „Verschwörungstheorien" nicht den gängigen wissenschaftlichen Standards, basieren z. B. nicht auf soliden Daten- und Beweisgrundlagen, werden nicht durch das Vorliegen von Gegenbeweisen in ihrer Aussagekraft von den Befürwortern abgeschwächt oder eingeschränkt und sind stark subjektiv gefärbt. Da sie somit eher die Merkmale einer Erzählung erfüllen, argumentieren Götz-Votteler und Hespers für den Begriff „Verschwörungserzählungen". Nach Keeley (1999) verdienen Verschwörungstheorien jedoch die Bezeichnung Theorie, wenn sie eine begründete Erklärung für ihren Gegenstand bieten. Da ich einer inhaltlichen Adäquatheits- oder Plausibilitätsprüfung einzelner Verschwörungstheorien nicht vorgreifen möchte, bleibe ich in dieser Arbeit bei der Bezeichnung „Verschwörungstheorie".

der Watergate-Affäre, die Verschwörung gegen Gorbatschow 1991, die Rechtfertigung der Invasion des Irak mit angeblichen irakischen Atomwaffen, die Verschwörung zur Ermordung Abraham Lincolns, die Ermordung Julius Caesars, …). Verschwörungen scheinen also historisch nicht selten genug gewesen zu sein, um Verschwörungstheorien aufgrund ihrer Seltenheit generell als unglaubwürdig zu diskreditieren. Auch die Auswirkungen von Verschwörungen und damit die Bedeutung von Verschwörungstheorien sind schwerlich zu bagatellisieren: Hitlers Machtergreifung oder Lenins Revolution sind reale Verschwörungen mit immensen Auswirkungen (Coady 2012, S. 115). Die mangelnde „Erfolgsquote“ von Verschwörungen eignet sich ebenfalls nicht als Argument für eine allgemeine Diskreditierung von Verschwörungstheorien. Zum einen waren viele Verschwörungen erfolgreich (s. o.), zum anderen stellt die Menge an erfolgreichen und erfolglosen Verschwörungen, von denen wir wissen, womöglich keine repräsentative Stichprobe dar. Es ist theoretisch möglich, dass viele erfolgreiche Verschwörungen unbemerkt stattfinden und auch unbemerkt bleiben.

Brian Keeley (1999) versucht, eine Unterscheidung zwischen epistemisch unproblematischen Verschwörungstheorien und ungerechtfertigten Verschwörungstheorien zu treffen. Ungerechtfertigte Verschwörungstheorien haben demnach in der Regel fünf zentrale Merkmale: Sie wenden sich (1) gegen eine offizielle Erklärung oder Erzählung und ziehen diese in Zweifel. Dabei gilt die Existenz der mutmaßlichen Vertuschungserzählung oftmals als besonders belastender Beweis für eine Verschwörung – schließlich muss diese in bewusster Täuschungsabsicht erzeugt und verbreitet worden sein. Ungerechtfertigte Verschwörungstheorien schreiben (2) den mutmaßlichen VerschwörerInnen bösartige Motive für ihr Handeln zu und (3) versuchen typischerweise, scheinbar zusammenhanglose Ereignisse miteinander zu verknüpfen. (4) Die mutmaßlich vertuschte Wahrheit hinter den zu erklärenden Ereignissen wird von VerschwörungstheoretikerInnen für ein besonders gut gehütetes Geheimnis gehalten, auch wenn die mutmaßlichen VerschwörerInnen bekannte Persönlichkeiten des öffentlichen Lebens sind. Die Bekanntmachung der Wahrheit würde, so die gängige Begründung, für die VerschwörerInnen eine Gefahr darstellen oder zumindest ihre Pläne gefährden, weshalb die Veröffentlichung unterdrückt werde. Das wichtigste Merkmal ungerechtfertigter Verschwörungstheorien ist nach Keeley jedoch (5) der Umgang mit unpassenden Daten – Daten, die von der offiziellen Erklärung entweder a) nicht erklärt werden (können), oder b) ihr sogar direkt widersprechen. Verschwörungstheorien können oft sowohl die von offiziellen Erklärungen akzeptierten Datenpunkte als auch die unpassenden, scheinbar widersprüchlichen Daten erklären. Dies ist insofern bemerkenswert, als das Vorhandensein widersprüchlicher Daten bei wissenschaftlichen Theorien zwar in Einzelfällen darauf hindeuten kann, dass die Theorie falsch ist. In den meisten Fällen ist es jedoch normal und sogar wünschenswert, dass Theorien nicht alles erklären können. Schließlich werden sie von unvollkommenen Menschen fabriziert, die oft mit fehleranfälliger Ausrüstung Messungen vornehmen müssen, deren Ergebnisse interpretations- und auslegungsbedürftig sind. Fehlmessungen, Fehlinterpretationen, falsche Erinnerungen und dergleichen mehr sollten auch in den Wissenschaften für eine realistische Erwartungshaltung bezüglich der Erklärungskraft von Theorien sorgen (Keeley 1999, S. 120). Ich möchte Keeleys Ansatz durch die Beobachtung ergänzen, dass Verschwörungstheorien sogar *fehlende* Daten auf ihre eigene Weise berücksichtigen. Das Fehlen von Beweisen für eine Verschwörungstheorie, die – würden sie auftauchen – die Glaubwürdigkeit der Theorie entscheidend stärken würden, wird von den ProponentInnen oft als Teil der Vertuschungsbemühungen der VerschwörerInnen interpretiert.

Auch wenn diese Kriterien weitreichende Unterscheidungen zwischen unterschiedlich problematischen Verschwörungstheorien ermöglichen, erfassen sie dennoch nicht alle: Die Watergate-Verschwörung erfüllt alle genannten Kriterien, wenn man sie in eine entsprechende Verschwörungstheorie einbettet. Analytische Abgrenzungsversuche scheinen insgesamt in ähnlichem Maße zu scheitern wie die Suche nach einem Demarkationskriterium, das Wissenschaften von Pseudowissenschaften und Nichtwissenschaften sauber trennen kann (Laudan 1983). Dies bedeutet, dass zwar im Einzelfall Plausibilitätsbeurteilungen auf Basis der verfügbaren Evidenz angestellt werden können, es jedoch keine grundsätzlichen apriorischen Gründe gibt, weshalb Verschwörungstheorien per se ungerechtfertigt sind.

Generell lässt sich jedoch festhalten, dass eine Verschwörungstheorie epistemisch umso problematischer wird, je mehr Institutionen und Personen konspirative Absichten unterstellt werden müssen. Je mehr Falsifizierungsversuche eine bestimmte Verschwörungstheorie scheinbar erfolgreich diskreditieren, desto mehr Verschwörungsparteien müssen von VerschwörungstheoretikerInnen in ihre Verschwörungstheorie integriert werden, um die Existenz einer Verschwörung kohärent zu machen. Dies führt zu einer ständigen Ausweitung der vermeintlichen Verschwörung, wodurch die entsprechende Verschwörungstheorie immer unglaubwürdiger wird (Keeley 1999, S. 122).

Die persönlichen und gesellschaftlichen Folgen von Verschwörungsglauben sind vielfältig. Das Gefühl, verschiedenen Verschwörungen ohnmächtig ausgeliefert zu sein, führt beispielsweise dazu, dass Menschen sich weniger politisch und sozial engagieren, ihre Gesundheit vernachlässigen und medizinische Behandlungen wie Impfungen ablehnen (Bogart und Thorburn 2006; Jolley und Douglas 2014; Oliver und Wood 2014). Im folgenden Abschnitt beschreibe ich die psychologischen Faktoren, die für die Entstehung und Verstärkung von Verschwörungsglauben entscheidend sind.

2.9 Die Psychologie des Verschwörungsglaubens

Die Neigung zu Verschwörungsglauben sagt möglicherweise mehr über individuelle Umstände und psychologische Voreinstellungen aus als über die Qualität der Verschwörungstheorien, an die geglaubt wird. Für die Annahme unterschiedlicher Dispositionen zum Verschwörungsglauben sprechen auch Forschungsergebnisse, die einen starken Zusammenhang zwischen dem Glauben an eine Verschwörungstheorie und der Bereitschaft, auch an andere Verschwörungstheorien zu glauben, feststellen (Goertzel 1994). Starke Prädiktoren für eine individuelle Disposition zum Verschwörungsglauben zu identifizieren, ist jedoch äußerst schwierig. Die geringe Anzahl und die große Vielfalt belastbarer Befunde könnte u. a. darauf zurückzuführen sein, dass das psychologische Forschungsfeld zu Verschwörungstheorien und Verschwörungsglauben relativ jung ist, methodisch vielfältig vorgegangen wird und insbesondere ein einheitlicher theoretischer Rahmen fehlt (Goreis und Voracek 2019; Rose 2017). Da Verschwörungstheorien und vermeintliche Prädiktoren für Verschwörungsglauben meist isoliert untersucht werden, sind viele Studien in ihrer Generalisierbarkeit eingeschränkt.

Die in der Forschung untersuchten Variablen beziehen sich auf soziopolitische, persönlichkeitspsychologische, psychopathologische und kognitive Prozesse und Merkmale. Aus forschungspragmatischen Gründen kann hier nur auf eine kleine Auswahl der für diese Arbeit relevanten Ergebnisse eingegangen werden. Ich beschränke mich hier auf folgende Ergebniskategorien: den Einfluss von Persönlichkeitsmerkmalen und psychischen Störungen, von sozialen Medien sowie von Krisensituationen auf Verschwörungsglauben, wobei Überschneidungen mit verwandten Themenbereichen wie sozio-politischen Faktoren kaum zu vermeiden sind.

2.9.1 Persönlichkeitsmerkmale und psychische Störungen

Gerade Personen mit klinisch relevanten psychischen Merkmalen wie paranoidem Denken oder schizotypischer Persönlichkeitsstörung[8] sind im Allgemeinen anfälliger für Verschwörungstheorien (Barron et al. 2014; Brotherton und Eser 2015). Doch ist ein großer Teil der Verschwörungsgläubigen nicht im klinischen Sinne krank. Schon regelmäßige Angstzustände können ein relevanter Faktor sein, der Verschwörungsglauben wahrscheinlicher macht (Grzesiak-Feldman 2013). Das Gefühl, wenig Kontrolle über die eigene Lebenssituation zu haben, verbunden mit dem verständlichen Wunsch, diese wieder zu erlangen, fördert die Suche nach und die Akzeptanz von Erklärungsmustern, die der persönlichen Situation einen erträglichen, weil nachvollziehbaren Sinn geben. Die neuen Bedeutungszusammenhänge verschaffen psychische Entlastung und ein Gefühl des Kontrollgewinns, indem sie es ermöglichen, Institutionen oder Fremdgruppen für die eigene Situation verantwortlich zu machen (Goertzel 1994; Imhoff und Bruder 2014; van Prooijen und van Dijk 2014). Soziale Minderheiten neigen in besonderem Maße zu Verschwörungsglauben, was sich durch ihre soziale Benachteiligung und ein entsprechend stärkeres Gefühl des Kontrollverlusts und der Abkopplung von gesellschaftlichen Systemen erklären lässt (Uenal 2016; Wilson und Rose 2013).

In der psychologischen Forschung gibt es einen interessanten Zusammenhang zwischen Verschwörungsglauben und paranormalem Denken.[9] Zum einen scheint die Akzeptanz von physikalisch unmöglichen Prozessen und Phänomenen selbst ein Prädiktor für Verschwörungsglauben zu sein (Darwin et al. 2011). Andererseits zeichnen sich Verschwörungsglaube und der Glaube an das Paranormale durch ähnliche Denkmuster aus: So zweifeln Menschen mit einer Neigung zum paranormalen Denken häufig an orthodoxen Ansichten und wissenschaftlichen Erkenntnissen, weshalb auch orthodoxe, weil offizielle, Erklärungen für ein historisches Ereignis weniger vertrauenswürdig erscheinen können. Daraus resultiert eine größere Offenheit für alternative Erklärungen. Sowohl beim paranormalen Denken als auch beim Verschwörungsglauben zeigen sich starke Tendenzen zu statistischen und probabilistischen Fehlschlüssen (Dagnall et al. 2007), eine

[8] Personen mit einer schizotypischen Persönlichkeitsstörung weisen ein tiefgreifendes Verhaltensdefizit im zwischenmenschlichen und psychosozialen Bereich auf. Nicht selten ist auch magisches Denken Teil der Störung (Stangl 2022).

[9] Paranormales Denken wird im Folgenden als die Akzeptanz physikalisch unmöglicher Prozesse und Phänomene verstanden, zu denen beispielsweise Präkognition (Wahrsagen, Vorausahnungen), Psychokinese oder übersinnliche Wahrnehmungen zählen.

erhöhte Anfälligkeit für Verknüpfungsfehler (conjunction fallacy), das Wahrnehmen von Scheinzusammenhängen (illusory correlations) und Rückschaufehler (hindsight bias) feststellbar (Shermer 2011).

Eine narzisstische Person glaubt eher an Verschwörungen (Goreis und Voracek 2019). Dies ist unter anderem darauf zurückzuführen, dass narzisstische Personen paranoide Gedanken haben, in denen sie die Handlungen anderer als gegen sich gerichtet wahrnehmen, eine Eigenschaft, die eine Parallele zum Verschwörungsglauben darstellt (Fenigstein und Vanable 1992).

Obwohl Verschwörungsglaube – ähnlich wie die oben genannten psychischen Erkrankungen – in allen sozialen Schichten anzutreffen ist, besteht eine negative Korrelation dieser Neigung mit dem wissenschaftlichen Kenntnisstand und einer gewohnheitsmäßigen analytischen Denkweise. Beispielsweise neigen Personen, die im analytischen Denken versiert sind, weniger zu logischen Fehlschlüssen (Swami et al. 2014; Wagner-Egger und Bangerter 2007). Darüber hinaus scheinen sowohl eine geringere Intelligenz als auch ein niedrigeres Bildungsniveau die Wahrscheinlichkeit von Verschwörungsglauben zu erhöhen, während eine hohe Intelligenz bzw. ein hohes Bildungsniveau jedoch nicht vor Verschwörungsglauben schützt (Ballová Mikušková 2018; Stieger et al. 2013; van Prooijen 2017).

2.9.2 Verschwörungstheorien in den sozialen Medien

Verschwörungstheorien sind weder ein neues Phänomen, noch nehmen sie in ihrer Menge zu (Uscinski et al. 2022). Neu ist jedoch die Geschwindigkeit, mit der sich Online-Gemeinschaften mit gleichen Überzeugungen und Absichten finden und bilden. Hat sich erst einmal eine Gemeinschaft um eine Verschwörungstheorie gebildet, kommen gruppenbasierte Verhaltensweisen zum Tragen: Positives emotionales Feedback stärkt die Gruppenzugehörigkeit, eine Gruppenidentität kann sich herausbilden und die Gruppenzugehörigkeit wird Teil der persönlichen Identität. Verschwörungstheorien entwickeln sich insbesondere zwischen konfligierenden Gruppen, da ihre soziale Dimension durch eine starke Eigengruppenidentität und das Gefühl der Bedrohung durch eine Fremdgruppe gekennzeichnet ist (van Prooijen und Douglas 2018).

Gerade populistische AkteurInnen haben in den letzten Jahren die sozialen Medien als ihr hauptsächliches Kommunikationsmedium etabliert. Dies entspricht ihrer oft misstrauischen Haltung gegenüber den etablierten Mainstream-Medien und ermöglicht zugleich einen „volksnahen“, weil nicht medial vermittelten Kontakt zu relevanten Wählergruppen (Götz-Votteler und Hespers 2020, S. 303).

Häufig verweisen populistische AkteurInnen auch auf eine vermeintlich freie Meinungsäußerung, die in etablierten Medien nicht mehr möglich sei. Die ungefilterte Meinungsfreiheit auf Twitter und Facebook wird jedoch durch die Bildung von Filterblasen und Echokammern verzerrt, Polarisierungspotenziale werden algorithmisch verstärkt und tragen durch emotionale Ansteckung zur Perpetuierung emotionalisierender Verschwörungstheorien und agnotologischer Manöver bei.

2.9.3 Verschwörungstheorien in Krisen

Naturkatastrophen, Unfälle, Terroranschläge und Pandemien stellen für die Betroffenen in hohem Maße belastende und Unsicherheit auslösende Situationen dar. Typisch für Krisensituationen ist, dass zunächst Informationslücken bestehen und Erkenntnisse als vorläufig angesehen werden müssen, da sich Ereignisse schnell entwickeln und sich der Wissensstand rasch ändern kann. Die Unsicherheit solcher Krisen erzeugt bei vielen Menschen Ängste, die sie durch Informations- und Meinungsaustausch zu überwinden versuchen. Viele Menschen kommen in Krisensituationen zusammen, persönlich oder online, und versuchen gemeinsam, Informationen zu einem verständlichen Gesamtbild zusammenzufügen. Sie versuchen, durch kollektive Bewusstseinsbildung einen Überblick über die Krisensituation zu gewinnen, um Pläne und Ziele festlegen und Entscheidungen treffen zu können (Starbird et al. 2016). In solchen Kontexten können aufgrund der dünnen, unvollständigen oder falschen Datenlage schnell falsche Gerüchte entstehen, insbesondere wenn sich offizielle Institutionen, PolitikerInnen und WissenschaftlerInnen widersprechen. Widersprüche erhöhen jedoch die allgemeine Unsicherheit, was wiederum dazu führt, dass sich gerade die Unwahrheiten leichter verbreiten, die Unsicherheiten auflösen. Verschwörungstheorien zeichnen sich in diesem Zusammenhang als besonders disambiguierende, eindeutige Deutungsangebote aus und treten aus diesen Gründen auch vermehrt in krisenhaften Kontexten auf (Hepfer 2017).

Gegenwärtige Erscheinungen des Wandels, z. B. Migrationsbewegungen, zunehmende Globalisierung, innen- und außenpolitische Veränderungen, fortschreitender Klimawandel sowie die COVID-19-Pandemie haben zu wachsender Verunsicherung und empfundenem Kontrollverlust geführt. Verschwörungstheorien sind in der Lage, die starke kognitive Dissonanz zwischen dem Wunsch nach einer stabilen, sicheren Umwelt und der Wahrnehmung von Unsicherheit auslösenden, unkontrollierbaren Umweltveränderungen aufzulösen, indem sie z. B. durch die Leugnung des Klimawandels ein Gefühl der Stabilisierung des Status quo erzeugen: Ohne Klimawandel gibt es keinen Grund, eine Zunahme von Naturkatastrophen, Migrationsströmen und Auswirkungen auf die lokale Landwirtschaft und Wasserversorgung zu befürchten. Die damit verbundene mentale und emotionale Stabilisierung durch die Verschwörungstheorie des „Klimaschwindels" kommt einer enormen psychischen Entlastung gleich, da nun keine Verantwortungsübernahme in Form von unangenehmen Verhaltensänderungen mehr notwendig ist (Götz-Votteler und Hespers 2020, S. 301). Die Prozesse der kollektiven Bewusstseinsbildung in Krisensituationen scheinen Verschwörungstheorien vor allem dann hervorzubringen, wenn eine als feindlich wahrgenommene Fremdgruppe im Vordergrund steht (van Prooijen und Douglas 2018). Dies ist im Einklang mit Befunden, dass Personen, die besonders anfällig für gesundheitsbezogene Falschinformationen sind, nicht nur weniger Allgemein- und gesundheitliche Bildung aufweisen, sondern auch dem konventionellen Gesundheitssystem ohnehin misstrauen (Scherer et al. 2021). Verschwörungstheorien greifen dies in Gesundheitskrisen wie der COVID-19-Pandemie auf, indem sie das konventionelle Gesundheitssystem als feindliche Fremdgruppe darstellen, z. B. als ein Netzwerk übermächtiger Pharmakonzerne oder eines mächtigen Gesundheitsministeriums, das mit seinen politischen Maßnahmen bösartige Absichten verfolgt.

3 Die Glaubwürdigkeit der Wissenschaft in der COVID-19-Pandemie

Die Bedrohung durch eine potenziell tödliche Viruserkrankung, die hohe Unsicherheit und die geringe Datenlage zu Beginn der COVID-19-Pandemie erforderten eine rasche wissenschaftliche Forschung und gleichzeitig die Information der Öffentlichkeit und der Politik über die neuesten Erkenntnisse, damit diese geeignete Schutzmaßnahmen ergreifen konnten. Die vermittelten Erkenntnisse galten in vielen Fällen als tentativ und ExpertInnen-Einschätzungen änderten sich zunächst fast täglich. Diese Situation eignet sich in besonderer Weise als Fallbeispiel für die soziale Erkenntnistheorie, da neu gewonnene Erkenntnisse fast ausschließlich als Testimonialwissen von ExpertInnen vorlagen und die Öffentlichkeit auf die Auskünfte der ExpertInnen angewiesen war.

Bevor ich inhaltlich auf pandemische Ereignisse eingehe, möchte ich zunächst auf die spezifische Rolle von ExpertInnen während der COVID-19-Pandemie eingehen, da einige Anpassungen in Bezug auf die theoretischen Vorarbeiten zu Expertise in Kapitel 1 notwendig sind (Abschnitt 3.1).

Die nachfolgende Darstellung der COVID-19-Pandemie kann prinzipiell nicht den vielen Entwicklungen und Details der Pandemie gerecht werden, die zum Zeitpunkt der Erstellung dieser Arbeit noch nicht als beendet erklärt wurde. Ich möchte daher exemplarisch Ereignisse und Schlaglichter herausgreifen, die im Kontext der theoretischen Vorklärungen dieser Arbeit als Beispiele für die Glaubwürdigkeitskrise der Wissenschaften gelten können. Ich orientiere mich dabei an der Gliederung des zweiten Kapitels dieser Arbeit und kennzeichne diese Parallelität durch die Wortwahl der Überschriften. Nach einem Argument für die Vertrauenswürdigkeit der COVID-19-Forschung (Abschnitt 3.2) widme ich mich den vier Gründen für Misstrauen gegenüber wissenschaftlicher Forschung, die bereits aus Kapitel 2 bekannt sind, nun aber spezifisch auf COVID-19 bezogen sind: die Unterstellung wissenschaftlicher Inkompetenz (Abschnitt 3.3.1), die unterstellte finanzielle oder sonstige Abhängigkeit

A. F. Flohr, *Die Glaubwürdigkeitskrise der Wissenschaft aus Sicht der sozialen Erkenntnistheorie*, BestMasters, https://doi.org/10.1007/978-3-658-46984-9_3

der Forschenden (Abschnitt 3.3.2), das wiederkehrende Problem des Dissenses (Abschnitt 3.3.3) sowie die Unterstellung der Alltagsferne (Abschnitt 3.3.4). Dann zeige ich, wie kognitive Verzerrungen zu falschen Überzeugungen während der COVID-19-Pandemie führten (Abschnitte 3.4 bis 3.4.4). Abschließend diskutiere ich den strategischen Wissenschaftsskeptizismus populistischer Parteien und die Rolle von Verschwörungstheorien während der COVID-19-Pandemie in Bezug auf Glaubwürdigkeit und Misstrauen gegenüber der Wissenschaft.

3.1 Die Rolle von ExpertInnen in der COVID-19-Pandemie

Die zur Krisenbewältigung erforderliche Expertise war neben unzähligen ForscherInnen an Forschungsinstituten und Universitäten vor allem im von der Bundesregierung eingesetzten Expertenrat präsent. Dieser hatte die Aufgabe, in einer interdisziplinären Anstrengung unter Unsicherheit Politikempfehlungen zu formulieren. Dies entspricht nicht mehr unbedingt dem Verständnis von Expertise, wie es zu Beginn dieser Arbeit formuliert wurde: An die Stelle eines breiten Hintergrundwissens über den Gegenstandsbereich, das zunächst noch nicht zur Verfügung stand, trat bei der Beurteilung der aktuellen Situation zunehmend die Anwendung fachspezifischer Heuristiken, die tentative Einschätzungen der aktuellen Situation ermöglichten. Die Anwendung spezieller Forschungsmethoden, die bei der Erforschung der SARS- und MERS-Viren entwickelt worden waren, spielte in der Frühphase der Pandemie ebenfalls eine wichtige Rolle (BmBF 2020).

Personen, die in der COVID-19-Pandemie als ExpertInnen auftraten, waren massiven Angriffen von einigen Teilen der Bevölkerung ausgesetzt. Ihre fachliche Expertise wurde in Frage gestellt, ihre Einschätzungen und Empfehlungen missachtet und die kommunizierte Unsicherheit bezüglich der Datenlage missverstanden. Auch kursierten irreführende Vergleiche zu bekannten Corona-Viren, deren geringere Gefährlichkeit keiner neuen ExpertInneneinschätzung bedürfe (Watzke 2021). Da die verantwortlichen ExpertInnen bereits Einschätzungen kommunizieren mussten, als noch keine sichere Datenlage bestand, waren ihre Äußerungen irrtumsanfällig und von viel begründeter Unsicherheit geprägt (Hennig und Drosten 2020). Dieser erklärliche Umstand sorgte in besonderer Weise dafür, dass sich viele Menschen nicht gut beraten fühlten. Sie sahen in diesen frühen, unter Unsicherheit getätigten Aussagen unter Umständen auch Anlass zu der Annahme, dass die ExpertInnen inkompetent oder unaufrichtig seien – insbesondere, wenn ein solcher Eindruck von populistischer Seite noch verstärkt wurde (Bongen 2020; Kramliczek 2021a).

Auch in der Ablehnung offizieller ExpertInnen-Empfehlungen verdeutlichte sich die fehlende Anerkennung institutionalisierter epistemischer Arbeitsteilung (siehe Abschnitt 1.2). Neben eindeutigen medizinischen Laien meldeten sich hier auch AllgemeinärztInnen, also Nicht-ExpertInnen für Virologie oder Epidemiologie, mit kritischen Beiträgen zu Wort (Gensing 2022a; SWR 2022). In vielen Fällen verließen sich medizinische Laien in Unkenntnis oder bewusster Missachtung ihres eigenen Laienstatus auf ihr eigenes Urteilsvermögen (MDR 2022; Schepsmeier 2021).

Mutmaßliche ExpertInnen wurden in einigen Fällen nicht ausreichend hinsichtlich ihrer Kompetenz, Aufrichtigkeit und ihres epistemisch verantwortungsvollen Verhaltens überprüft. Im Folgenden zeige ich, wie wenige der in Abschnitt 1.3.4 aufgestellten Meta-Kriterien zur Identifizierung von Expertise von einer der prominentesten als Experte auftretenden Personen, dem Mikrobiologen Prof. Dr. Sucharit Bhakdi, tatsächlich erfüllt wurden.

Bhakdi zeichnete sich durch seine unbelegten Behauptungen aus, dass SARS-CoV-2 kaum gefährlicher sei als bereits bekannte Corona-Viren und dass ein gutes Immunsystem auch mit neueren Varianten gut zurechtkomme (Salem 2021). Er war augenscheinlich nicht kenntnisreich genug (Metakriterium f/g – *hohes inhaltliches Wissen und Metawissen*), um zwischen sehr ähnlichen Fällen Unterscheidungen treffen zu können (Metakriterium i – *hohe Unterscheidungsfähigkeit*), was sich an seinen wiederkehrenden Vergleichen der Pandemie mit Grippe-Infektionswellen zeigte. Seine diesbezüglichen Analogien stützten sich nicht auf eigene Forschung – Bhakdi hatte nie zu Corona-Viren geforscht (Metakriterium b – *öffentlicher „track-record“*).[1] So äußerte er sich als Wissenschaftler zu Themen, die über sein eigenes Forschungsgebiet hinausgingen (Metakriterium c – *domänenspezifische Aussagen*). Seine Positionen waren in der relevanten Wissenschaftsgemeinschaft häufig nicht konsensfähig (Metakriterium d – *Mindestmaß an Konsens*) und so distanzierte sich schließlich auch die Universität Kiel von den Äußerungen und Publikationen ihres Gastwissenschaftlers (Thiery 2020).

Bereits 2020 veröffentlichte Bhakdi zusammen mit der Biochemikerin Karina Reiß ein Buch über die COVID-19-Pandemie, das sowohl Falschinformationen

[1] Im Zuge der Recherchen zu diesem Thema konnte ich keine von Bhakdi verfassten Forschungsarbeiten zu Corona-Viren auffinden, welche in seriösen, begutachteten wissenschaftlichen Journalen veröffentlicht sind.

als auch Kritik an den staatlichen Maßnahmen zur Eindämmung der Pandemie enthält (Universität Kiel 2021). Fachbücher sind in der Wissenschaft üblich – sie können aber in der Regel zum Zeitpunkt ihres Erscheinens nicht mehr den aktuellen Stand der Forschung wiedergeben. Die COVID-19-Pandemie stellt hier noch einen Sonderfall dar, da sich die virologische und epidemiologische Erforschung des Virus gerade in den ersten Monaten rasant entwickelte und die gewonnenen Erkenntnisse regelmäßig schnell überholte Vermutungen ersetzten.[2] Die AutorInnen vertraten ihre vorgebrachten Thesen selbst dann noch, als diese bereits veraltet oder widerlegt waren (Preradovic 2020a, 2020b; ServusTV 2020). Dieses Verhalten zeugt von einer Distanzierung vom rationalen Diskurs, von einer Vermeidung der Auseinandersetzung mit wissenschaftlicher Kritik (Metakriterium e – *Gegenseitige Kritik und epistemische Vielfalt*), von einem Verzicht auf Konsistenz und Kohärenzmaximen (Metakriterium h) und von einer unzureichenden epistemisch verantwortungsvollen Haltung (siehe Abschnitt 1.3.3 zu epistemisch verantwortungsvollem Verhalten). Lediglich das Metakriterium a) wird von Bhakdi teilweise erfüllt – die Untermauerung der eigenen Urteile mit Argumenten und Belegen. Diese sind jedoch, wie oben angedeutet, an vielen Stellen unzutreffend und unzureichend. Für die Verbreitung von Falschinformationen wurde Bhakdi 2020 mit dem Satirepreis „Goldenes Brett vorm Kopf" der *Gesellschaft zur wissenschaftlichen Untersuchung von Parawissenschaften* (GWUP) ausgezeichnet (Austria Presse Agentur 2020).

3.2 Die Vertrauenswürdigkeit der COVID-19-Forschung

Bei der Erforschung des SARS-CoV-2-Virus und der Entwicklung von Impfstoffen wurde nicht auf die für die Vertrauenswürdigkeit wissenschaftlicher Forschung entscheidende Reliabilität und inhaltliche Tiefe verzichtet (siehe Abschnitt 2.2). Wissenschaftliche Beratung der Impfstoffhersteller zu regulatorischen Anforderungen, frühzeitiges „Rolling-Review"[3] und die Zusammenlegung klinischer Studienphasen haben den Prozess der Impfstoffentwicklung deutlich verkürzt, ohne die medizinischen Standards zu senken (BZgA 2022). Es ist

[2] Man denke an die dringliche Empfehlung zur Handhygiene aus Sorge vor Schmierinfektionen, bis der hauptsächliche Übertragungsweg des Corona-Virus über Aerosole festgestellt wurde, wodurch die Gefahr der Schmierinfektion in den Hintergrund trat (Bundesinstitut für Risikobewertung 2022).

[3] In einem Rolling-Review-Verfahren werden Datenpakete vom Impfstoffhersteller frühzeitig zur Vorbewertung freigegeben, um bei der späteren Antragstellung Zeit zu sparen.

davon auszugehen, dass gerade durch die hohe gesellschaftliche und mediale Aufmerksamkeit Forschungsfehler bzw. -ungenauigkeiten und Nebenwirkungen der Impfung besonders schnell erkannt wurden. Durch die große Zahl der verabreichten Impfdosen konnte die Wirksamkeit des Impfstoffes in relativ kurzer Zeit auf der Basis ungewöhnlich großer Datensätze bestätigt und seltene Nebenwirkungen katalogisiert werden (Paul-Ehrlich-Institut 2022).

Krisensituationen erfordern häufig, dass ExpertInnen auch unplausibel erscheinende oder unangenehme Informationen kommunizieren – zum Beispiel, wenn sich der Ausbruch eines potenziell tödlichen Virus zu einer globalen Pandemie entwickelt. Wenn die Aussagen von ExpertInnen den persönlichen Plausibilitätsbeurteilungen nicht genügen, besteht die Gefahr eines Vertrauensverlustes gerade in einem Moment, in dem das Vertrauen in ExpertInnen für die Gesundheit einer ganzen Gesellschaft von zentraler Bedeutung ist (siehe Abschnitt 2.4 zum Zusammenspiel von Plausibilitätsbeurteilungen und Vertrauen). Je skeptischer eine Person von vornherein gegenüber medizinischer Forschung eingestellt war, desto unplausibler mögen Informationen über die Pandemie oder die Schwere der Erkrankung erschienen sein.

Der hohe Anteil der Personen (32 % der dt. Bevölkerung), die sich während der Pandemie als *unsicher* bezüglich der Frage fühlten, *ob man der Wissenschaft vertrauen kann*, geriet nach Abschluss der Impfstoffentwicklung Ende 2020 unter starken Druck: Einerseits warnten nach eigener Einschätzung möglicherweise nicht vertrauenswürdige wissenschaftliche Quellen vor gravierenden Gesundheitsrisiken, andererseits kritisierte die impfbefürwortende Bevölkerung die mangelnde Solidarität der ImpfskeptikerInnen, was Gefühle der gegenseitigen Entfremdung verstärkte (siehe Abschnitt 2.6.2 und 2.6.5 zu Bezugsgruppenfehler und Gruppenpolarisierung). Gleichzeitig warnten alternative Quellen davor, die Impfung in Anspruch zu nehmen und den PolitikerInnen und WissenschaftlerInnen zu vertrauen. In der von Unsicherheit und Ängsten geprägten Pandemiesituation standen skeptisch eingestellte Menschen vor besonderen Herausforderungen, die es ihnen erschwerten, Vertrauen in Wissenschaft und Politik aufrechtzuerhalten oder gar neu aufzubauen.

3.3 Gründe des Misstrauens gegenüber COVID-19-Forschung

In diesem Abschnitt werden vier Gründe für das Misstrauen in WissenschaftlerInnen und wissenschaftliche Prozesse, die in Kapitel 2 bereits theoretisch erarbeitet wurden, hinsichtlich der COVID-19-Pandemie eingehender beleuchtet.

3.3.1 Die Vermutung der Inkompetenz

Die Arbeit an einem neuen Forschungsgegenstand – einer globalen Gesundheitsbedrohung durch ein unbekanntes Virus – bedeutet aufgrund der dünnen Datenlage typischerweise zunächst eine höhere Fehleranfälligkeit der wissenschaftlichen Arbeit. So wurde zu Beginn der Pandemie als Maßnahme zur Infektionsprävention insbesondere auf eine konsequente Händehygiene verwiesen, deren Wirksamkeit später durch die Entdeckung des Hauptübertragungsweges über Aerosole und den entsprechenden Einsatz von Masken bei weitem übertroffen wurde (Bundesinstitut für Risikobewertung 2022).

Zu Beginn der Pandemie gab es noch keinen Impfstoff und die Herausforderung für die ExpertInnen bestand neben der Forschung darin, auf Basis der wenigen vorhandenen Erkenntnissen politische Empfehlungen zu formulieren und dabei u. a. Ethik, Epidemiologie, Virologie, Psychologie und Pädiatrie einzubeziehen (Bundesregierung 2022). Der Erfolg dieser transdisziplinären Anstrengungen musste sich jedoch auch an nicht-epistemischen Kriterien messen lassen, was zu lebhaften Diskussionen über die Angemessenheit der beschlossenen gesellschaftlichen Restriktionen führte. Sollte ein „harter Lockdown" im Nachhinein als eine zu strenge Maßnahme erscheinen, so sei an dieser Stelle nochmals auf das induktive Risiko hingewiesen, das bei der Konzeption eine entscheidende Rolle gespielt haben könnte (siehe Abschnitt 2.5.1). Zum Zeitpunkt der Konzipierung der gesellschaftlichen Maßnahmen bestanden noch Unsicherheiten über wichtige Parameter des Virus, wie z. B. die Sterblichkeitsrate, die weltweit, aber auch innerhalb Europas, deutlich variierte (siehe detaillierte Situationsberichte in RKI 2020). Unter Berücksichtigung einer potenziell höheren Sterberate erschien es angemessen, eher zu vorsichtige Maßnahmen zu ergreifen. Zu umfassende Maßnahmen hätten jedoch als verfrüht und überzogen wahrgenommen werden können und Misstrauen verstärken – gemäß dem Präventionsparadox selbst dann, wenn die Maßnahmen erfolgreich das erreichten, was sie erreichen sollten.[4] So konnten z. B. die unmittelbaren Auswirkungen des „Lockdowns" auf das persönliche Erleben als gravierender empfunden werden als die eigentliche Erkrankung, deren Auswirkungen man durch diese Maßnahme möglicherweise entgangen ist.

---

[4] Unter dem Begriff Präventionsparadox werden verschiedene Phänomene innerhalb der bevölkerungsbezogenen Prävention zusammengefasst. Die hier relevante Begriffsverwendung bezeichnet den Umstand, dass infolge einer präventiven Maßnahme (Impfung, soziale Distanzierung) die Inzidenz der Krankheit sinkt und gesellschaftlich „unsichtbar" wird. Gleichzeitig können die Nebenwirkungen und Schäden der Impfung gravierender erscheinen als die Krankheit selbst – mit der Folge eines Vertrauensverlustes in die für die Maßnahme Verantwortlichen (Franzkowiak 2022).

3.3.2 Die Vermutung der Abhängigkeit

Die Vermutung finanzieller Motive ist vor allem bei pharmazeutischen Unternehmen ein häufiger Verdacht, während die finanzielle Unabhängigkeit der Forschenden in der öffentlichen Wahrnehmung ein entscheidender Faktor für deren Vertrauenswürdigkeit ist. Obwohl relevante ForscherInnen wie z. B. Christian Drosten in der COVID-19-Pandemie keine zusätzlichen Einnahmequellen durch seine Testprotokolle oder seine Tätigkeit im Expertenrat der Regierung hatten, wurden ihnen von verschiedenen Seiten finanzielle Abhängigkeiten unterstellt (Borger et al. 2020; zur Einordnung: Anhäuser und Budde 2021).

Die Verknüpfung von Wissenschaft und Politik, z. B. in Form von Politikberatung, hat zur Folge, dass sich bereits bestehendes Misstrauen gegenüber PolitikerInnen auf WissenschaftlerInnen übertragen kann – und umgekehrt. Menschen mit einem grundlegenden Misstrauen gegenüber pharmazeutischen Unternehmen oder bestimmten WissenschaftlerInnen können über diesen Umweg auch Misstrauen und starke Aversionen gegenüber PolitikerInnen entwickeln, die z. B. für Impfungen werben. Die deutschen Gesundheitsminister haben dies besonders stark zu spüren bekommen (BZ 2022; Lau 2020).

3.3.3 Das Dissens-Problem

Öffentlicher Dissens zwischen WissenschaftlerInnen in Bezug auf wissenschaftliche Studien und den richtigen gesellschaftlichen Umgang mit neuen Erkenntnissen verursachte Diskussionsbedarf in der Öffentlichkeit und führte zu Verwirrung. Laien mussten durchschauen, welcher Empfehlung sie folgen konnten und sollten und welcher/welchem der dissentierenden WissenschaftlerInnen sie vertrauen konnten. Die epistemischen Dissense wurden von fachfremden Nicht-SpezialistInnen, Nicht-WissenschaftlerInnen und VerschwörungstheoretikerInnen um Schein-Dissense erweitert (siehe Abschnitt 2.5.3), die regelmäßig in ad-hominem-Angriffen mündeten und sich weit von epistemischen Diskursen entfernten (Hartmann 2022; Spiegel Politik 2022). Dies förderte das Misstrauen gegenüber bereits etablierten Erkenntnissen und verstärkte potenziell den Eindruck, dass Forschungsergebnisse noch nicht in akzeptablem Maße abgesichert seien. Diese ungünstige Diskussionskultur wurde von VerschwörungstheoretikerInnen und COVID-19-LeugnerInnen erfolgreich genutzt, um absichtlich oder unabsichtlich Unsicherheit über die Interessen der Forschenden zu erzeugen. Damit bedienten sie die Tendenz der Bevölkerung, Dissense zwischen WissenschaftlerInnen eher als Interessenkonflikte und weniger als gewöhnliche epistemische Auseinandersetzungen im Forschungsprozess aufzufassen (Bromme 2020).

3.3.4 Die Vermutung der Alltagsferne

Einige ImpfskeptikerInnen kritisierten eine zu starke Fokussierung auf schnelle medizinische Interventionen in Form von Impfungen und empfahlen stattdessen die Stärkung des Immunsystems durch gesunde Ernährung oder auch die Nahrungsergänzung mit Vitamin D (Pompl und Roßteuscher 2020). Personen, die von einem geringen Erkrankungsrisiko ausgingen, empfanden die gesellschaftlichen Restriktionen des „Lockdown" als lebensfremd und als übermäßige Einschränkung der persönlichen Grundrechte (Kehlbach und Nordhardt 2021).

Sowohl die Uneinheitlichkeit der Restriktionen zwischen den Bundesländern als auch die Einheitlichkeit der Restriktionen in ganz unterschiedlichen gesellschaftlichen Bereichen machen deutlich, dass wissenschaftliche Erkenntnisse und politisches Handeln in Zeiten krisenhafter Unsicherheit nicht immer in Einklang zu bringen waren. So verhinderten allgemeine politische Maßnahmen die aus wissenschaftlicher Sicht möglicherweise akzeptable Öffnung einzelner Geschäfte, da sie für alle Betroffenen gleichermaßen gelten und gelten sollten.

Die Wissenschaftskommunikation stand während der COVID-19-Pandemie vor der schwierigen Situation, vorläufiges und unsicheres Wissen vermitteln zu müssen. Hinzu kommt, dass auf Seiten der virologischen und epidemiologischen Laien ein vertieftes Verständnis der Probleme, an denen parallel weiter geforscht wurde, nur durch eine vertiefte und kontinuierliche Auseinandersetzung mit den Grundlagen und aktuellen Studienergebnissen der Virologie und Epidemiologie möglich war. Dies stellte insbesondere für Laien eine hohe Anforderung dar, der sich angesichts des zeitlichen Aufwands, der geistigen Anstrengung und der emotionalen Belastung nicht jeder gewachsen fühlte. Fachpublikationen und Pre-Prints[5] waren für Laien ungeeignet, da sie in der Regel schwer verständlich waren und falsch interpretiert oder in einer Weise diskutiert wurden, die weder konstruktiv noch erkenntnisfördernd war. Dies zeigte sich beispielhaft an der Reaktion auf eine berechtigte wissenschaftliche Kritik an einem von Dr. Christian Drosten auf einem Pre-Print-Server veröffentlichten Artikel. Es handelte sich dabei um eine Studie zur Viruskonzentration bei Kindern, deren statistische Auswertung mit „relativ einfache[n] statistischen Methoden" eher rudimentär ausfiel (Hennig und

[5] Pre-Prints sind Fachpublikationen, deren Online-Veröffentlichung aus Zeitgründen den Kreuzgutachten vorgezogen wird.

Drosten 2020). Die „Bild"-Zeitung griff die angemessene Kritik unterschiedlicher WissenschaftlerInnen polemisch auf und zog sie in unangemessener Weise aus ihrem sachlichen Kontext (Kühn 2020).

Wenn wissenschaftsnahe Kommunikation kompliziert und anstrengend zu konsumieren ist, weil sie schwer verständliche und sich ständig ändernde Wissensstände und Probleme darstellen muss, erschwert dies die Vertrauensbildung bei der Bevölkerung, die sich nicht ausreichend und angemessen informiert fühlt. Dies wiederum ermöglicht es bestimmten verschwörungstheoretischen und/oder populistischen AkteurInnen, diese Lücke mit einfachen Erklärungen zu füllen.

3.4 Kognitive Verzerrungen in der COVID-19-Pandemie

Die in vielerlei Hinsicht besondere Situation der COVID-19-Pandemie macht mehrere kognitive Verzerrungen und Denkmuster für diese Analyse relevant, da sie insbesondere in Krisensituationen vermehrt zu falschen Überzeugungen führen.

3.4.1 Bestätigungsfehler (Confirmation Bias)

Der Bestätigungsfehler zeigte sich bei der COVID-19-Pandemie insofern, als Menschen, die der Schulmedizin oder der pharmazeutischen Forschung von vornherein misstrauisch gegenüberstanden, sich nun erst recht von diesen Institutionen abwandten. Durch die Hinwendung zu Gleichgesinnten bildeten sich im Zuge der zunehmenden Polarisierung Filterblasen, die eine weitere Radikalisierung begünstigen konnten (Klawier und Prochazka 2021; doch siehe auch Schmid-Petri 2022). Gleichzeitig warteten diejenigen, die nicht bereits misstrauisch, sondern nur unsicher waren, darauf, dass ein wissenschaftlicher oder öffentlicher Konsens über die richtige Vorgehensweise sichtbar würde und alle (scheinbaren) Zweifel ausgeräumt wären. Sie übersahen dabei, dass die vermeintlichen Zweifel vor allem von nicht vertrauenswürdigen AkteurInnen verbreitet wurden und dass ein relevanter Konsens über das Krankheitsrisiko und die empfohlenen Verhaltensweisen unter WissenschaftlerInnen bereits nach wenigen Monaten erreicht war (Forschung & Lehre 2020). Sie fühlten sich in ihrer Unsicherheit bezüglich des Virus und der Impfung bestätigt, da sich immer wieder Personen dissentierend zu diesen Themen äußerten.

Aber auch die wissenschaftsaffinen Menschen haben sich vermutlich entsprechend ihren Vorurteilen vertrauensvoll an diejenigen gewandt, denen sie zutrauten, den Weg aus der Krise zu weisen. Nicht jeder versteht bis heute, wie das Virus, die epidemiologischen Modelle oder die verschiedenen Impfstoffe funktionieren. Die Akzeptanz der Erklärungen, die von offizieller Seite (Institutionen, PolitikerInnen, VirologInnen, EpidemiologInnen) zur Einordnung der Krise abgegeben wurden, ist daher zumindest teilweise auf persönliche Vorannahmen zurückzuführen, dass man den zuständigen offiziellen Behörden und offiziellen ExpertInnen im Allgemeinen vertrauen kann.

3.4.2 Bezugsgruppenfehler, Gruppenpolarisierung und Gefühlansteckung

Im Verlauf der Pandemie war eine starke Gruppenbildung zu beobachten. Geimpfte und Ungeimpfte trafen im privaten Umfeld, auf Veranstaltungen und im Internet zum Teil stark emotionalisiert und polarisiert aufeinander – in vielen Fällen wurde hier verpasst, sachlich miteinander zu diskutieren (Debionne 2021; Menke 2021). Erzählungen über die jeweils andere Gruppe, die diese in ein schlechtes Licht rückten, wurden bereitwillig aufgegriffen (Heigl 2021; Rietberg et al. 2021). Damit einher ging auch eine zunehmende Polarisierung, wobei sich beide Gruppen gegenseitig inkonsistente, fehlerhafte oder gar ideologisch motivierte Argumentationen vorwarfen. Die angespannte Atmosphäre, die emotionale Aufladung und Verzerrung medizinischer Erkenntnisse sowie ein zum Teil sehr unterschiedliches Verständnis der epidemiologischen Situation verhinderten in vielen Fällen einen produktiven Meinungsaustausch, geschweige denn erfolgreiche Überzeugungsversuche in die ein oder andere Richtung.

3.4.3 Motiviertes Denken (Motivated Reasoning)

Die schwer verdaulichen Informationen über gesundheitliche Risiken der Viruserkrankung, epidemiologische Entwicklungen gesellschaftlichen Ausmaßes und die damit verbundene Notwendigkeit, sich auf medizinische ExpertInnen zu verlassen, waren für viele Menschen nur schwer mit ihren persönlichen Werten und Einstellungen vereinbar. Gerade in Deutschland verwenden viele Menschen möglichst wenige oder sogenannte „nebenwirkungsfreie" Medikamente, setzen verstärkt auf alternative Behandlungsmethoden und verstehen Gesundheitsvorsorge als einen persönlichen, individuellen Prozess mit vielen Entscheidungsspielräumen. Dies erklärt auch die Vielzahl von Behandlungsmethoden, die – ob wissenschaftlich gesichert oder nicht – von den deutschen Krankenkassen erstattet werden (Inhoffen 2017; Presseportal 2018; Statista 2016).

Eine durch Gruppenzugehörigkeit, Wertesysteme und widersprüchliche Informationen hervorgerufene kognitive Dissonanz erfordert zur Reduktion der psychischen Belastung entweder eine Anpassung hinsichtlich der eigenen Wertvorstellungen oder – wesentlich einfacher – eine Abwertung der neuen, widersprüchlichen Informationen. Man stelle sich Menschen vor, deren Skepsis gegenüber Impfungen und Pharmaunternehmen sowie deren Vertrauen in alternative Heilmethoden über Jahre hinweg zu einem zentralen Lebensinhalt und Teil der eigenen Identität geworden sind. Diese langjährige Position aufgrund neuer, widersprüchlicher Informationen aufzugeben, käme einer immensen Kraftanstrengung gleich, da dies einer Bearbeitung, Veränderung, möglicherweise sogar Aufgabe (von Teilen) der eigenen Identität gleichkäme (Festinger 1957; Harmon-Jones und Mills 2019). Ein solcher Wandel ist daher weitaus seltener zu beobachten als das Festhalten an altbekannten Werten und Überzeugungen, begleitet von einer mehr oder weniger ausgeprägten Ablehnung unerwünschter Informationen.

3.4.4 Metawissen

Es zeigte sich immer wieder, dass sich Personen inhaltliche Urteile über virologische und epidemiologische Phänomene zutrauten, obwohl sie wenig Überblick über die relevante Forschung in diesen Wissenschaftsbereichen hatten – dies galt sowohl für Laien als auch für WissenschaftlerInnen anderer Disziplinen. Es scheint so, als ob den SprecherInnen die Grenzen ihrer eigenen Urteilsfähigkeit in diesen Fällen nicht bewusst waren: Sie besaßen nicht das erforderliche Metawissen, um das Ausmaß ihrer eigenen Unwissenheit, obwohl dies zumindest ÄrztInnen zuzutrauen sein sollte. Das dafür notwendige Metawissen beinhaltet z. B. eine Vorstellung davon, was an Ausbildung, Zeitaufwand und Spezialisierung erforderlich ist, um in einem medizinischen Fachgebiet als ExpertIn gelten zu können. Diese Unkenntnis hat die Missachtung der faktischen epistemischen Abhängigkeit des Laien von den Experten sowie eine irregeleitete, überschätzte Wahrnehmung der eigenen Kompetenz zur Folge.

3.5 Strategischer Wissenschaftsskeptizismus und Verschwörungstheorien

Während der COVID-19-Pandemie kursierte eine große Menge an Falschinformationen, von denen viele vermutlich absichtlich verbreitet wurden. Unter ihnen befanden sich sogenannte Fake News, Falschinformationen im Mantel seriöser Wissenschaftskommunikation (Müller-Jung 2020), Propaganda durch russisch beeinflusste Medien (Gensing 2021b) und nicht zuletzt Verschwörungstheorien (Gensing 2021a). Von der gezielten Verbreitung von Falschinformationen profitierten vor allem die neu entstandene Partei *Die Basis*, die aus der „Querdenken"-Bewegung hervorging. Die Informationsangebote waren dazu geeignet, in der Öffentlichkeit Unsicherheiten und den Eindruck wissenschaftlichen Dissenses zu verstärken. Mitglieder dieser Partei stellten vor allem die Gefährlichkeit des Virus und die Wirksamkeit sozialer Distanzierungsmaßnahmen infrage (Kramliczek 2021b).

Doch wurden auch viele falsche Informationen in Form von Verschwörungstheorien verbreitet. Verschwörungstheorien zu COVID-19 traten vor allem in zwei Varianten auf: Entweder wurde die Gefährlichkeit des Virus heruntergespielt oder es wurde eine Biowaffe dahinter vermutet (Uscinski und Enders 2020). Die ersten Varianten beinhalteten häufig die Leugnung der Existenz von COVID-19-Patienten auf Intensivstationen, die Leugnung der pandemischen Ausbreitung oder einfach die Leugnung der Existenz des Virus. Varianten der zweiten Art brachten beispielsweise Bill Gates, George Soros oder die Regierungen Russlands und Chinas mit der absichtlichen Herstellung des Virus in Verbindung. Auch die Verbreitung der mutmaßlichen Biowaffe mithilfe von 5G-Mobilfunkmasten schien für einige Personen plausibel genug, um diese grob zu beschädigen (Satariano und Alba 2020; Schraer und Lawrie 2020). Verschwörungstheorien sind inhaltlich unterschiedlich plausibel. An dieser Stelle ist jedoch weder der Platz noch der forschungspragmatische Grund gegeben, diese inhaltlich näher zu diskutieren. Stattdessen wende ich mich den Faktoren zu, die in der COVID-19-Pandemie besonders zum Verschwörungsglauben beigetragen haben. Der Verschwörungsglaube ist ein wichtiger Faktor für das Misstrauen gegenüber der Wissenschaft im Kontext der Krise, da z. B. die Verharmlosung des Virus die Bereitschaft, sich impfen zu lassen oder die Eindämmungsmaßnahmen zu unterstützen, verringern kann (siehe Abschnitt 2.8).

In Krisensituationen zirkulieren in der Regel mehr Verschwörungstheorien (siehe Abschnitt 2.9.3). Gerade in den ersten Monaten der COVID-19-Pandemie gab es zudem viele Informationslücken, die von offizieller Seite noch nicht geschlossen werden konnten. Hinsichtlich der Gefährlichkeit des Virus, der häufigsten Übertragungswege, möglicher Resistenzen, der Behandelbarkeit der Erkrankung und der Präventionsmöglichkeiten blieben zunächst viele Fragen offen. Diese Unsicherheit löste bei vielen Menschen Verunsicherung und Angst aus. Unter Beteiligung von WissenschaftlerInnen, PolitikerInnen, JournalistInnen und allen, die sich online und privat darüber austauschen wollten, begann ein Prozess der kollektiven Bewusstseinsbildung mit dem Ziel, einen Überblick über diese neuartige Situation zu gewinnen. Verunsicherte und verängstigte Menschengruppen, die sich auf der Basis einer sich ständig verändernden wissenschaftlichen Datenlage informieren wollen, um sinnvolle Entscheidungen für sich und ihre Angehörigen treffen zu können, sind jedoch besonders anfällig für falsche Gerüchte und Verschwörungstheorien (siehe Abschnitt 2.9.3). Einerseits können Angst und Unsicherheit kognitive Verzerrungen wie den Bestätigungsfehler oder auch motiviertes Denken zur Auflösung kognitiver Dissonanzen verstärken (siehe Abschnitt 2.6). Zum anderen stellen Verschwörungstheorien in einer solchen nicht nur epistemisch schwierigen Situation disambiguierende Deutungsangebote dar, die kognitive Dissonanzen, Ängste und Unsicherheiten durch eine scheinbar sinnstiftende Erklärung auflösen können.

COVID-19-verharmlosende Verschwörungstheorien müssen jedoch in der Lage sein, die Warnungen von MedizinerInnen und ForscherInnen sowie die Eindämmungsmaßnahmen von PolitikerInnen zu erklären – was sie typischerweise dadurch tun, dass sie bösartige Motive unterstellen und ExpertInnen und PolitikerInnen in den Kreis der VerschwörerInnen stellen. Diese Erklärungen sprechen jedoch vor allem jene Menschen an, die von vornherein misstrauisch gegenüber PolitikerInnen, medizinischer Forschung oder auch Impfungen sind, da durch diese Erklärungsmuster alte Feindbilder bestätigt werden (van Prooijen und Douglas 2018).

Wie bereits beschrieben, war während der Pandemie eine starke Gruppenbildung zu beobachten, die durch die Kommunikation über soziale Medien noch greifbarer wurde. So gruppierten sich ImpfskeptikerInnen auf Basis ihres Impfstatus zusammen und wurden auch von PolitikerInnen und in den Medien als die Gruppe der „Ungeimpften" angesprochen. Viele Ungeimpfte beklagten sich über eine „Hetze der Ungeimpften" und zogen teilweise sogar Vergleiche mit der Judenverfolgung im Dritten Reich (Gensing 2022b). So unpassend diese Vergleiche sind, zeigen sie doch, wie stark das Gefühl einer Kluft zwischen der Eigengruppe (den Ungeimpften) und der Fremdgruppe (den Geimpften) sowie die Wahrnehmung einer persönlichen Bedrohungssituation bei einigen Personen war. Das Gefühl der Bedrohung der Eigengruppe durch eine böse Fremdgruppe förderte die Entfremdung, verstärkte Feindbilder und verhinderte die Auflösung von Verschwörungsnarrativen. Diese Umstände erschweren es immens, Personen von extremen Verschwörungsnarrativen abzubringen und wieder Vertrauen zu den als Bedrohung wahrgenommenen AkteurInnen – PolitikerInnen wie WissenschaftlerInnen – aufzubauen.

Fazit

4

In diesem letzten Abschnitt fasse ich zentrale Erkenntnisse der Arbeit zusammen, verweise auf offen gebliebene Fragen und mögliche, weiterführende Forschungsziele in diesem Themenkomplex.

Die soziale Erkenntnistheorie ist durch ihre Fokussierung auf die sozialen Aspekte von Erkenntnisbemühungen besonders geeignet, die Glaubwürdigkeitskrise der Wissenschaft zu beleuchten. Angesichts der Notwendigkeit, sich sowohl im privaten als auch im beruflichen Bereich, insbesondere aber in hoch spezialisierten und arbeitsteiligen Gesellschaften, auf Erfahrungswissen zu verlassen, ist die Wahl der richtigen Informationsquelle von entscheidender Bedeutung. Die Prüfung der Kompetenz- und Aufrichtigkeitsbedingung ist insbesondere dann wichtig, wenn durch die Auswahl von ExpertInnen sensible Lebens- oder Gesellschaftsbereiche berührt werden. Dabei kann die Expertise der vermeintlichen Expertinnen anhand von Metakriterien (u. a. guter track-record, domänenspezifische Äußerungen, Kritikfähigkeit, inhaltliches Wissen, Metawissen, Kohärenz und Konsistenz, Unterscheidungsfähigkeit) zwar nicht zweifelsfrei festgestellt, aber plausibilisiert werden. Neben der fachlichen Kompetenz sind jedoch auch die Aufrichtigkeit und das epistemisch verantwortungsvolle Handeln einer/s ExpertIn zu begutachten.

Das Vertrauen in WissenschaftlerInnen und die Reliabilität wissenschaftlicher Prozesse ist für die Glaubwürdigkeit von Wissenschaft von großer Bedeutung. Anhand einer psychologischen Darstellung von Vertrauensverhältnissen habe ich festgestellt, dass diese einseitig risikobehafteten Abhängigkeitsverhältnisse zwischen VertrauensgeberInnen und VertrauensnehmerInnen in der Regel zwischen ExpertInnen und Laien bestehen können.

Wissenschaftsvertrauen und Vertrauen in WissenschaftlerInnen wird empirisch durch eine Vielzahl von Faktoren beeinflusst, unter anderem durch ein

A. F. Flohr, *Die Glaubwürdigkeitskrise der Wissenschaft aus Sicht der sozialen Erkenntnistheorie*, BestMasters, https://doi.org/10.1007/978-3-658-46984-9_4

allgemeines gesellschaftliches „Vertrauensklima" und individuelle Plausibilitätsbeurteilungen, variiert jedoch zwischen einzelnen wissenschaftlichen Disziplinen. Besonders ausgeprägte Unterschiede zeigen sich beim Vertrauen in wissenschaftliche Forschung zu Ernährung, Gesundheit, Medizin, Klima und menschlicher Evolution.

Für das geringe Vertrauen in die Wissenschaft gibt es eine Reihe von Gründen, von denen ich die folgenden genannt habe: Wissenschaft wird misstraut, weil aufgrund von wissenschaftlichen Irrtümern, Fehlern oder auch der Replikationskrise der Eindruck entstanden ist, dass wissenschaftliches Wissen oft nicht verlässlich und WissenschaftlerInnen in vielen Fällen inkompetent sind. Die Irrtumsanfälligkeit und die üblichen Unsicherheitsgrade empirischer Forschung passen zudem nicht in ein falsch idealisiertes Bild von Wissenschaft, und diese Diskrepanz verstärkt Irritation und Misstrauen. Das Vertrauen in die Wissenschaft wird, so die empirische Forschung, am stärksten durch den Verdacht außerwissenschaftlicher Einflussnahme und finanzieller Abhängigkeiten beschädigt. Bekannte Fälle des wissenschaftlichen Betrugs oder der Instrumentalisierung von WissenschaftlerInnen durch PolitikerInnen ließen und lassen ganze Wissenschaftsfelder in einem schlechten Licht erscheinen, auch wenn derartige Fälle insgesamt seltene Ausnahmen darstellen. Wissenschaftlicher Dissens führt in öffentlichen Diskursen mitunter zu Missverständnissen, wenn ein gewöhnlicher epistemischer Vorgang als Interessenskonflikt der beteiligten WissenschaftlerInnen fehlgedeutet wird. Populistische AkteurInnen verstärken dies, indem sie mithilfe scheinbar wissenschaftlicher Gegenpositionen zusätzlich falschen Dissens induzieren. Forschung verliert an Glaubwürdigkeit, wenn sie alltagsfern erscheint oder sich auf zu wenige Forschungsgegenstände konzentriert. Sind wissenschaftliche Empfehlungen zu allgemein gehalten, so dass lokale Unterschiede in den Anwendungsbereichen nicht ausreichend berücksichtigt werden, mindert dies die wahrgenommene Relevanz wissenschaftlicher Expertise.

Alle Menschen unterliegen kognitiven Verzerrungen, selbst wenn sie sich dessen bewusst sind. Die Auswirkungen dieser Verzerrungen auf die Meinungsbildung können durch soziale Medien noch verstärkt werden. Ich habe sieben kognitive Verzerrungen vorgestellt, die uns zu falschen Überzeugungen und Schlussfolgerungen verleiten durch eine einseitige Bestätigungstendenz (Bestätigungsfehler), gruppenbezogene Fehleinschätzungen (Bezugsgruppenfehler), motivierte Schlussfolgerungen (motiviertes Denken), Verstärkung ursprünglicher Überzeugungen nach Konfrontation mit Kritik (Backfire-Effekt), Radikalisierung in Gruppenkontexten (Gruppenpolarisierung), Beeinflussung durch die Gefühle unserer Mitmenschen (Gefühlsansteckung) sowie mangelndes Metawissen.

Strategischer Wissenschaftsskeptizismus ist ein absichtlicher Störfaktor des Vertrauens in die Wissenschaft durch die gezielte Erzeugung und Aufrechterhaltung von Unwissen und Unsicherheit. Er tritt sowohl in Form von strategischem Zweifel an etablierten Forschungsergebnissen oder Fake News als auch in Form von strategischer Forschung zur Erzeugung künstlicher Gegenpositionen auf. Strategischer Wissenschaftsskeptizismus ist epistemisch kritikwürdig, weil mit prinzipiell unerreichbaren Rechtfertigungsmaßstäben an wissenschaftliche Forschung herangetreten wird (strategischer Zweifel), während gleichzeitig empirisch unzureichende Rechtfertigungen für strategische Forschung vorgelegt werden. Die vorgebrachten Behauptungen entsprechen nicht den sozialen Normen der Wissensproduktion bzw. der wissenschaftlichen Qualitätskontrolle und beinhalten einen doppelten Bewertungsmaßstab.

Die philosophischen Diskurse über Verschwörungstheorien sind vielfältig, aber ein widerspruchsfreies analytisches Abgrenzungskriterium wurde bisher nicht aufgestellt. Auch mit ganzen Kriterienbündeln ist allenfalls eine weitgehende Abgrenzung von gerechtfertigten und ungerechtfertigten Verschwörungstheorien möglich, die jedoch überzeugende Gegenbeispiele nicht verhindert. Verschwörungstheorien sind mit zunehmender Größe der anzunehmenden Gruppe an mutmaßlichen VerschwörerInnen zunehmend epistemisch problematisch und verlieren an Plausibilität. Verschwörungstheorien haben jedoch reale Auswirkungen hinsichtlich des gesundheitlichen Verhaltens sowie politischer und sozialer Teilhabe verschwörungsgläubiger Personen. Verschwörungsglauben lässt sich empirisch öfter bei Personen feststellen, die an schizoiden Persönlichkeitsstörungen oder paranoidem Denken leiden, eine Affinität zu paranormalem Denken aufweisen oder durch Verschwörungsglauben Gefühlen von Kontrollverlust gegensteuern können. Die Neigung zu Verschwörungsglauben korreliert negativ mit dem wissenschaftlichen Kenntnisstand, der Fähigkeit zu analytischem Denken, der Intelligenz und dem Bildungsniveau, wobei diese Faktoren Verschwörungsglauben nicht grundsätzlich ausschließen. Soziale Medien führen zwar nicht zu einer Zunahme von Verschwörungstheorien, aber sie ermöglichen es Verschwörungsgläubigen, sich schneller zu versammeln, Gruppen zu bilden und sich zu radikalisieren. Krisensituationen begünstigen das gehäufte Auftreten von Verschwörungstheorien, da sie Unsicherheiten, Ängste und fehlende oder widersprüchliche Informationen aufgreifen und durch die Disambiguierung der Situation hierfür empfänglichen Personen psychische Entlastung in Form von emotionaler Stabilisierung bieten. Verschwörungstheorien verbreiten sich besonders dann, wenn saliente Fremdgruppen im Vordergrund stehen (PolitikerInnen, WissenschaftlerInnen, VirologInnen, pharmazeutische Unternehmen, …).

Die COVID-19-Pandemie stellte für Gesellschaft und Wissenschaft eine besondere Situation dar, in der ExpertInnen-Einschätzungen aufgrund der tentativen und sich schnell verändernden Datenlage von besonderer Wichtigkeit waren. Diese Situation eignet sich aufgrund der Relevanz von Testimonialwissen und der epistemischen Abhängigkeiten der Bevölkerung von ExpertInnen besonders für eine sozialerkenntnistheoretische Analyse. ExpertInnen traten in dieser Zeit insbesondere durch ihre enge Verzahnung mit der Politik in Form ihrer Empfehlungen und im Sachverständigenrat in Erscheinung. In diesen Rollen waren sie immer wieder Angriffen auf ihre Glaubwürdigkeit und Personen ausgesetzt, in denen die Missachtung der gesellschaftlich notwendigen epistemischen Arbeitsteilung deutlich wurde. Fachfremde Nicht-ExpertInnen wurden von Teilen der Bevölkerung nicht ausreichend hinsichtlich ihrer fachlichen Expertise, aufrichtigen Kommunikation oder epistemisch verantwortungsvollen Verhaltens beurteilt.

Das Misstrauen gegenüber der COVID-19-Forschung aufgrund des Verdachts der Inkompetenz entwickelte sich unter anderem aus der scheinbaren Widersprüchlichkeit der späteren Revision der vorläufigen Empfehlungen. Diese Widersprüchlichkeit erklärt sich jedoch bereits daraus, dass gerade die frühen Empfehlungen unter größerer epistemischer Unsicherheit ausgesprochen wurden. WissenschaftlerInnen dissentierten häufiger als üblich in der Öffentlichkeit, was Befürchtungen weckte, dass Forschungsergebnisse nicht hinreichend abgesichert seien und dass Forschende in ihren Aussagen von außerwissenschaftlichen Interessen geleitet würden. Zusätzlich verursachten populistische AkteurInnen durch gezielte Falschbehauptungen Schein-Dissense.

Die Pandemiesituation führte zu einer weitreichenden Polarisierung zwischen „Geimpften“ und „Ungeimpften“, die zum Teil durch kognitive Verzerrungen wie Bestätigungsfehler, Gruppenpolarisierung, Bezugsgruppenfehler, emotionale Ansteckung und motiviertes Denken erklärt werden kann. Auch mangelndes Metawissen führte dazu, dass sich einige Personen ein eigenes inhaltliches Urteil über infektiöse und pandemische Prozesse zutrauten, ohne über die entsprechende Expertise zu verfügen.

Die öffentliche Diskussion, die Online-Medien und die sozialen Netzwerke waren während der COVID-19-Pandemie neben inhaltlich informativen ExpertInnen-Empfehlungen und seriösen Beiträgen der Wissenschaftskommunikation auch durch eine große Menge an Falschinformationen und Verschwörungstheorien geprägt, die geeignet waren, das Vertrauen in die Wissenschaft in Teilen der Bevölkerung zu untergraben oder bereits bestehendes Misstrauen zu verstärken. Die Krisenhaftigkeit der Situation ermöglichte es VerschwörungstheoretikerInnen, Sinnzusammenhänge zu finden und Informationslücken zu schließen, um durch die Gewinnung von Deutungshoheit Unsicherheiten und Ängste vor Kontrollverlust bei entsprechend disponierten Personen zu reduzieren. Da PolitikerInnen, wissenschaftliche ExpertInnen und auch pharmazeutische Konzerne in der Öffentlichkeit saliente Gruppen darstellten, konnten sie von VerschwörungstheoretikerInnen leicht als Feindbilder in Verschwörungstheorien etabliert werden.

Dieser Versuch einer sozialerkenntnistheoretischen Aufarbeitung der Glaubwürdigkeitskrise muss aus forschungspragmatischen Gründen an vielen Stellen oberflächlich bleiben und kann daher nur als erster Erklärungsansatz gelten. So wurden unter anderem die in der sozialen Erkenntnistheorie diskutierten Konzeptionen von Überzeugungen und Handlungen kollektiver AkteurInnen nicht berührt, die unter Umständen hilfreiche Einsichten darüber liefern könnten, wie Überzeugungen und Handlungen von „den WissenschaftlerInnen" oder Gruppen von Verschwörungsgläubigen sinnvoll konzeptualisiert werden können. Darüber hinaus gibt es zahlreiche, hier nicht aufgeführte Erklärungsansätze für den Vertrauensverlust in die Wissenschaft, wie z. B. die unzureichende Gestaltung der Wissenschaftskommunikation auf der Basis des Informationsdefizitmodells. Diesem liegt die implizite Annahme zugrunde, dass skeptischen Personen lediglich die relevanten Informationen fehlen, um ihre Skepsis aufzugeben. Diese Annahme scheint prima facie falsch zu sein, wenn man die vielen seriösen, aber wenig wirksamen Beiträge zur Wissenschaftskommunikation betrachtet. In dieser Arbeit konnte ich nur eine minimale Auswahl der bekannten kognitiven Verzerrungen vorstellen, die zur Erklärung von Wissenschaftsskepsis herangezogen werden können. Mit Hilfe gruppenbasierter kognitiver Verzerrungen könnten diese Erklärungsansätze weiter vertieft oder das Zusammenwirken verschiedener kognitiver Verzerrungen innerhalb von Gruppen weiter untersucht werden. Insbesondere die epistemischen, sozialen und medialen Prozesse während der COVID-Pandemie konnten jedoch nur in Ausschnitten beleuchtet und besonders auffällige Merkmale herausgearbeitet werden. Eine Arbeit in dieser Kürze kann den vielfältigen Erklärungsfaktoren eines so großen Themas natürlich nicht gerecht werden, soll aber ihrem Anspruch nach einen kleinen Beitrag zur erkenntnistheoretischen Analyse der Glaubwürdigkeitskrise der Wissenschaften leisten.

Literatur

Anderson, Elizabeth (2011): Democracy, Public Policy, and Lay Assessments of Scientific Testimony. In: *Episteme* 8 (2), S. 144–164. https://doi.org/10.3366/epi.2011.0013.

Ballová Mikušková, Eva (2018): Conspiracy Beliefs of Future Teachers. In: *Curr Psychol* 37 (3), S. 692–701. https://doi.org/10.1007/s12144-017-9561-4.

Baron, Jonathan; Hershey, John C. (1988): Outcome bias in decision evaluation. In: *Journal of Personality and Social Psychology* 54 (4), S. 569–579. https://doi.org/10.1037/0022-3514.54.4.569.

Barron, David; Morgan, Kevin; Towell, Tony; Altemeyer, Boris; Swami, Viren (2014): Associations between schizotypy and belief in conspiracist ideation. In: *Personality and Individual Differences* 70, S. 156–159. https://doi.org/10.1016/j.paid.2014.06.040.

Berger, Jonah; Milkman, Katherine L. (2012): What Makes Online Content Viral? In: *Journal of Marketing Research* 49 (2), S. 192–205. https://doi.org/10.1509/jmr.10.0353.

Bogart, Laura M.; Thorburn, Sheryl (2006): Relationship of African Americans' sociodemographic characteristics to belief in conspiracies about HIV/AIDS and birth control. In: *Journal of the National Medical Association* 98 (7), S. 1144–1150.

Bromme, Rainer (2020): Informiertes Vertrauen: Eine psychologische Perspektive auf Vertrauen in Wissenschaft. In: Michael Jungert, Andreas Frewer und Erasmus Mayr (Hg.): Wissenschaftsreflexion. Interdisziplinäre Perspektiven zwischen Philosophie und Praxis. Paderborn: Mentis Verlag GmbH, S. 105–134.

Brotherton, Robert; Eser, Silan (2015): Bored to fears: Boredom proneness, paranoia, and conspiracy theories. In: *Personality and Individual Differences* 80, S. 1–5. https://doi.org/10.1016/j.paid.2015.02.011.

Carrier, Martin (2010): Scientific Knowledge and Scientific Expertise: Epistemic and Social Conditions of Their Trustworthiness. In: *Analyse & Kritik* 02, S. 195–212.

Carrier, Martin (2011): Underdetermination as an epistemological test tube: expounding hidden values of the scientific community. In: *Synthese* 180 (2), S. 189–204.

Carrier, Martin (2018): Identifying Agnotological Ploys: How to Stay Clear of Unjustified Dissent. In: Alexander Christian, David Hommen, Nina Retzlaff und Gerhard Schurz (Hg.): Philosophy of Science, Bd. 9. Cham: Springer International Publishing (European Studies in Philosophy of Science), S. 155–169.

Carrier, Martin (2020): Forschung im Zweifel der Öffentlichkeit: Zur Glaubwürdigkeitskrise der Wissenschaft. In: Michael Jungert, Andreas Frewer und Erasmus Mayr (Hg.):

A. F. Flohr, *Die Glaubwürdigkeitskrise der Wissenschaft aus Sicht der sozialen Erkenntnistheorie*, BestMasters, https://doi.org/10.1007/978-3-658-46984-9

Wissenschaftsreflexion. Interdisziplinäre Perspektiven zwischen Philosophie und Praxis. Paderborn: Mentis Verlag GmbH, S. 371–394.

Coady, David (2012): What to believe now. Applying epistemology to contemporary issues. Chichester West Sussex, Malden MA: Wiley-Blackwell.

Dagnall, Neil; Parker, Andrew; Munley, Gary (2007): Paranormal belief and reasoning. In: *Personality and Individual Differences* 43 (6), S. 1406–1415. https://doi.org/10.1016/j.paid.2007.04.017.

Darwin, Hannah; Neave, Nick; Holmes, Joni (2011): Belief in conspiracy theories. The role of paranormal belief, paranoid ideation and schizotypy. In: *Personality and Individual Differences* 50 (8), S. 1289–1293. https://doi.org/10.1016/j.paid.2011.02.027.

Del Vicario, M.; Bessi, A.; Zollo, F.; Petroni, F.; Scala, A.; Caldarelli, G. et al. (2016): The spreading of misinformation online. In: *Proceedings of the National Academy of Sciences* 113 (3), S. 554–559.

Douglas, Heather (2000): Inductive Risk and Values in Science. In: *Philos. of Sci.* 67 (4), S. 559–579. https://doi.org/10.1086/392855.

Douglas, Heather (2006): Bullshit at the interface of science and policy: global warming, toxic substances and other pesky problems. In: Hardcastle Reisch (Hg.): Bullshit and Philosophy: Open Court, S. 213–226.

Fenigstein, Allan; Vanable, Peter A. (1992): Paranoia and self-consciousness. In: *Journal of Personality and Social Psychology* 62 (1), S. 129–138. https://doi.org/10.1037/0022-3514.62.1.129.

Fernbach, Philip M.; Light, Nicholas; Scott, Sydney E.; Inbar, Yoel; Rozin, Paul (2019): Extreme opponents of genetically modified foods know the least but think they know the most. In: *Nature human behaviour* 3 (3), S. 251–256. https://doi.org/10.1038/s41562-018-0520-3.

Festinger, Leon (1957): A Theory of Cognitive Dissonance: Stanford University Press.

Goertzel, Ted (1994): Belief in Conspiracy Theories. In: *Political Psychology* 15 (4), S. 731. https://doi.org/10.2307/3791630.

Goldman, Alvin I. (1999): Knowledge in a social world. Oxford, New York: Clarendon Press; Oxford University Press.

Goldman, Alvin I. (2001): Experts: Which Ones Should You Trust? In: *Philosophy and Phenomenological Research* 63 (1), S. 85–110.

Goldman, Alvin I.; O'Connor, Cailin (2021): Social Epistemology. In: *The Stanford Encyclopedia of Philosophy (Winter 2021 Edition).*

Goreis, Andreas; Voracek, Martin (2019): A Systematic Review and Meta-Analysis of Psychological Research on Conspiracy Beliefs: Field Characteristics, Measurement Instruments, and Associations With Personality Traits. In: *Frontiers in psychology* 10, S. 205. https://doi.org/10.3389/fpsyg.2019.00205.

Götz-Votteler, Katrin; Hespers, Simone (2020): Wissenschaft und postfaktisches Denken. In: Michael Jungert, Andreas Frewer und Erasmus Mayr (Hg.): Wissenschaftsreflexion. Interdisziplinäre Perspektiven zwischen Philosophie und Praxis. Paderborn: Mentis Verlag GmbH, S. 291–314.

Grzesiak-Feldman, Monika (2013): The Effect of High-Anxiety Situations on Conspiracy Thinking. In: *Curr Psychol* 32 (1), S. 100–118. https://doi.org/10.1007/s12144-013-9165-6.

Harmon-Jones, Eddie; Mills, Judson (2019): An introduction to cognitive dissonance theory and an overview of current perspectives on the theory. In: Eddie Harmon-Jones (Hg.): Cognitive dissonance: Reexamining a pivotal theory in psychology: American Psychological Association, S. 3–24.
Hepfer, Karl (2017): Verschwörungstheorien. Eine philosophische Kritik der Unvernunft. 2., unveränderte Auflage 2017. Bielefeld: transcript (Edition Moderne Postmoderne).
Hubbard, Douglas W.; Carriquiry, Alicia L. (2019): Quality Control for Scientific Research: Addressing Reproducibility, Responsiveness, and Relevance. In: *The American Statistician* 73 (sup1), S. 46–55. https://doi.org/10.1080/00031305.2018.1543138.
Imhoff, Roland; Bruder, Martin (2014): Speaking (Un–)Truth to Power: Conspiracy Mentality as A Generalised Political Attitude. In: *Eur J Pers* 28 (1), S. 25–43. https://doi.org/10.1002/per.1930.
Jolley, Daniel; Douglas, Karen M. (2014): The social consequences of conspiracism: Exposure to conspiracy theories decreases intentions to engage in politics and to reduce one's carbon footprint. In: *British journal of psychology (London, England : 1953)* 105 (1), S. 35–56. https://doi.org/10.1111/bjop.12018.
Keeley, Brian L. (1999): Of Conspiracy Theories. In: *The Journal of Philosophy* 96 (3), S. 109–126.
Kitcher, Philip (1990): The Division of Cognitive Labor. In: *The Journal of Philosophy* 87 (1), S. 5–22.
Könneker, Carsten (2020): Wissenschaftskommunikation und Social Media: Neue Akteure, Polarisierung und Vertrauen. In: Michael Jungert, Andreas Frewer und Erasmus Mayr (Hg.): Wissenschaftsreflexion. Interdisziplinäre Perspektiven zwischen Philosophie und Praxis. Paderborn: Mentis Verlag GmbH, S. 419–441.
Laudan, Larry (1983): The Demise of the Demarcation Problem. In: R. S. Cohen und Larry Laudan (Hg.): Physics, Philosophy and Psychoanalysis. Boston Studies in the Philosophy of Science: Springer (76), S. 111–127.
Leefmann, Jon (2020): Vertrauen, epistemische Rechtfertigung und das Zeugnis wissenschaftlicher Experten. In: Michael Jungert, Andreas Frewer und Erasmus Mayr (Hg.): Wissenschaftsreflexion. Interdisziplinäre Perspektiven zwischen Philosophie und Praxis. Paderborn: Mentis Verlag GmbH, S. 69–103.
Lehrer, Keith (1977): Social Information. In: *The Monist* 60 (4), S. 473–487.
Levy, Neil (2019): Due deference to denialism: explaining ordinary people's rejection of established scientific findings. In: *Synthese* 196 (1), S. 313–327. https://doi.org/10.1007/s11229-017-1477-x.
Longino, Helen E. (1990): Science as Social Knowledge: Princeton University Press.
Martini, Carlo (2020): The Epistemology of Expertise. In: Miranda Fricker, Peter J. Graham, David K. Henderson und Nikolaj J. L. L. Pedersen (Hg.): The Routledge handbook of social epistemology. New York, London: Routledge (Routledge handbooks in philosophy), S. 115–122.
McIntyre, Lee C. (2019): The scientific attitude. Defending science from denial, fraud, and pseudoscience. Cambridge Massachusetts: The MIT Press.
Motta, Matthew; Callaghan, Timothy; Sylvester, Steven (2018): Knowing less but presuming more: Dunning-Kruger effects and the endorsement of anti-vaccine policy attitudes. In: *Social science & medicine (1982)* 211, S. 274–281. https://doi.org/10.1016/j.socscimed.2018.06.032.

Oliver, J. Eric; Wood, Thomas (2014): Medical conspiracy theories and health behaviors in the United States. In: *JAMA internal medicine* 174 (5), S. 817–818. https://doi.org/10.1001/jamainternmed.2014.190.

Open Science Collaboration (2015): Estimating the reproducibility of psychological science. In: *Science (New York, N.Y.)* 349 (6251), aac4716. https://doi.org/10.1126/science.aac4716.

Oreskes, Naomi; Conway, Erik M. (2012): Merchants of doubt. How a handful of scientists obscured the truth on issues from tobacco smoke to global warming. Paperback. ed. London: Bloomsbury.

Proctor, Robert N. (2008): Agnotology: A missing term to describe the cultural production of ignorance (and its study). In: Robert N. Proctor und Londa Schiebinger (Hg.): Agnotology. The making and unmaking of ignorance. Stanford, California: Stanford University Press, S. 1–33.

Proctor, Robert N. (2011): Golden Holocaust. Origins of the Cigarette Catastrophe and the Case for Abolition. Berkeley.

Quast, Christian (2018): Towards a Balanced Account of Expertise. In: *Social Epistemology* 32 (6), S. 397–419. https://doi.org/10.1080/02691728.2018.1546349.

Rabb, Nathaniel; Fernbach, Philip M.; Sloman, Steven A. (2019): Individual Representation in a Community of Knowledge. In: *Trends in cognitive sciences* 23 (10), S. 891–902. https://doi.org/10.1016/j.tics.2019.07.011.

Reutlinger, Alexander (2020): Strategischer Wissenschaftsskeptizismus. In: Michael Jungert, Andreas Frewer und Erasmus Mayr (Hg.): Wissenschaftsreflexion. Interdisziplinäre Perspektiven zwischen Philosophie und Praxis. Paderborn: Mentis Verlag GmbH, S. 351–369.

Rose, C. L. (2017): The Measurement and Prediction of Conspiracy Beliefs. Wellington: Victoria University of Wellington.

Scherer, Laura D.; McPhetres, Jon; Pennycook, Gordon; Kempe, Allison; Allen, Larry A.; Knoepke, Christopher E. et al. (2021): Who is susceptible to online health misinformation? A test of four psychosocial hypotheses. In: *Health Psychology* 40 (4), S. 274–284. https://doi.org/10.1037/hea0000978.

Scholz, Oliver R. (2014): Soziale Erkenntnistheorie. In: Nikola Kompa und Sebastian Schmoranzer (Hg.): Grundkurs Erkenntnistheorie. Münster, S. 259–272.

Scholz, Oliver R. (2018): Symptoms of Expertise: Knowledge, Understanding and Other Cognitive Goods. In: *Topoi* 37 (1), S. 29–37. https://doi.org/10.1007/s11245-016-9429-5.

Shermer, Michael (2011): The Believing Brain. In: *Sci Am* 305 (1), S. 85. https://doi.org/10.1038/scientificamerican0711-85.

Sia, Choon-Ling; Tan, Bernard C. Y.; Wei, Kwok-Kee (2002): Group Polarization and Computer-Mediated Communication: Effects of Communication Cues, Social Presence, and Anonymity. In: *Information Systems Research* 13 (1), S. 70–90. https://doi.org/10.1287/isre.13.1.70.92.

Starbird, Kate; Spiro, Emma; Edwards, Isabelle; Zhou, Kaitlyn; Maddock, Jim; Narasimhan, Sindhuja (2016): Could This Be True?, S. 360–371. https://doi.org/10.1145/2858036.2858551.

Stieger, Stefan; Gumhalter, Nora; Tran, Ulrich S.; Voracek, Martin; Swami, Viren (2013): Girl in the cellar: a repeated cross-sectional investigation of belief in conspiracy theories about the kidnapping of Natascha Kampusch. In: *Frontiers in psychology* 4, S. 297. https://doi.org/10.3389/fpsyg.2013.00297.

Swami, Viren; Voracek, Martin; Stieger, Stefan; Tran, Ulrich S.; Furnham, Adrian (2014): Analytic thinking reduces belief in conspiracy theories. In: *Cognition* 133 (3), S. 572–585. https://doi.org/10.1016/j.cognition.2014.08.006.

Tversky, A.; Kahneman, D. (1974): Judgment under Uncertainty: Heuristics and Biases (185).

Uenal, Fatih (2016): The Secret Islamization of Europe Exploring the Integrated Threat Theory: Predicting Islamophobic Conspiracy Stereotypes. In: *International Journal of Conflict and Violence (JJCV)* 10 (1: Extremely Violent Societies). https://doi.org/10.4119/UNIBI/ijcv.499.

Uscinski, Joseph E.; Enders, Adam; Klofstad, Casey; Seelig, Michelle; Drochon, Hugo; Premaratne, Kamal; Murthi, Manohar (2022): Have beliefs in conspiracy theories increased over time? In: *PloS one* 17 (7), e0270429. https://doi.org/10.1371/journal.pone.0270429.

van Prooijen, Jan-Willem (2017): Why Education Predicts Decreased Belief in Conspiracy Theories. In: *Applied cognitive psychology* 31 (1), S. 50–58. https://doi.org/10.1002/acp.3301.

van Prooijen, Jan-Willem; Douglas, Karen M. (2018): Belief in conspiracy theories: Basic principles of an emerging research domain. In: *European journal of social psychology* 48 (7), S. 897–908. https://doi.org/10.1002/ejsp.2530.

van Prooijen, Jan-Willem; van Dijk, Eric (2014): When consequence size predicts belief in conspiracy theories: The moderating role of perspective taking. In: *Journal of Experimental Social Psychology* 55, S. 63–73. https://doi.org/10.1016/j.jesp.2014.06.006.

Wagner-Egger, Pascal; Bangerter, Adrian (2007): The Truth Lies Elsewhere: Correlates of Belief in Conspiracy Theories. In: *Revue Internationale de Psychologie Sociale* 20 (4), S. 31–61.

Wason, P. C. (1960): On the Failure to Eliminate Hypotheses in a Conceptual Task. In: *Quarterly Journal of Experimental Psychology* 12 (3), S. 129–140. https://doi.org/10.1080/17470216008416717.

Watts, Tyler W.; Duncan, Greg J.; Quan, Haonan (2018): Revisiting the Marshmallow Test: A Conceptual Replication Investigating Links Between Early Delay of Gratification and Later Outcomes. In: *Psychological science* 29 (7), S. 1159–1177. https://doi.org/10.1177/0956797618761661.

Wilson, M. S.; Rose, C. (2013): The role of paranoia in a dual-process motivational model of conspiracy belief. In: Jan-Willem van Prooijen und P. A. M. van Lange (Hg.): Power, Politics, and Paranoia. Cambridge: Cambridge University Press, S. 273–291.

Zollo, Fabiana; Bessi, Alessandro; Del Vicario, Michela; Scala, Antonio; Caldarelli, Guido; Shekhtman, Louis et al. (2017): Debunking in a world of tribes. In: *PloS one* 12 (7), e0181821. https://doi.org/10.1371/journal.pone.0181821.

Internetdokumente

Anhäuser, Marcus; Budde, Joachim (2021): „Der Corman-Drosten-Test war eine Meisterleistung". Online verfügbar unter https://www.riffreporter.de/de/wissen/corona-erster-sars-covid-pcr-test-christian-drosten-charite, zuletzt geprüft am 23.08.2024.

Austria Presse Agentur (2020): „Fehlalarm"-Arzt Sucharit Bhakdi erhält das „Goldene Brett vorm Kopf". Online verfügbar unter https://science.apa.at/power-search/6306934242637717621, zuletzt geprüft am 23.08.2024.

BmBF (2020): SARS und MERS: Relevanz für die Covid-19-Pandemie. Bundesministerium für Bildung und Forschung. Online verfügbar unter https://www.gesundheitsforschung-bmbf.de/de/sars-und-mers-relevanz-fur-die-covid-19-pandemie-11152.php, zuletzt geprüft am 29.08.2022.

Bongen, Robert (2020): Corona-Krise: AfD vom Virus kalt erwischt? Online verfügbar unter https://daserste.ndr.de/panorama/archiv/2020/Corona-Krise-AfD-vom-Virus-kalt-erwischt,corona1428.html, zuletzt geprüft am 23.08.2024.

Borger, Pieter; Malhotra, Bobby Rajesh; Yeadon, Michael; Craig, Clare; McKernan, Kevin; Steger, Klaus et al. (2020): External peer review of the RTPCR test to detect SARS-CoV-2 reveals 10 major scientific flaws at the molecular and methodological level: consequences for false positive results. AN INTERNATIONAL CONSORTIUM OF SCIENTISTS IN LIFE SCIENCES (ICSLS). Online verfügbar unter https://cormandrostenreview.com/report/, zuletzt geprüft am 29.08.2022.

Bundesinstitut für Risikobewertung (2022): Kann SARS-CoV-2 über Lebensmittel und Gegenstände übertragen werden? Online verfügbar unter https://www.bfr.bund.de/de/kann_sars_cov_2_ueber_lebensmittel_und_gegenstaende_uebertragen_werden_-244062.html, zuletzt geprüft am 23.08.2024.

Bundesregierung (2022): Der ExpertInnenrat der Bundesregierung. Online verfügbar unter https://www.bundesregierung.de/breg-de/bundesregierung/bundeskanzleramt/corona-expertinnenrat-der-bundesregierung, zuletzt geprüft am 23.08.2024.

BZ (2022): Karl Lauterbach geht nur noch mit Polizeischutz unter Menschen. Online verfügbar unter https://www.berliner-zeitung.de/news/karl-lauterbach-geht-nur-noch-mit-polizeischutz-unter-menschen-li.222827, zuletzt geprüft am 23.08.2024.

BZgA (2022): Impfstoffentwicklung und -zulassung. Online verfügbar unter https://www.infektionsschutz.de/coronavirus/fragen-und-antworten/alles-zu-den-impfstoffen/impfstoffentwicklung-und-zulassung/#tab-4618-5, zuletzt aktualisiert am 19.08.2022, zuletzt geprüft am 29.08.2022.

Contergan-Infoportal (2022). Online verfügbar unter https://contergan-infoportal.de/, zuletzt geprüft am 23.08.2024.

Debionne, Philippe (2021): „Impf-Nazi": ZDF-Moderatorin Dunja Hayali bespuckt und beleidigt. Berliner Zeitung. Online verfügbar unter https://www.berliner-zeitung.de/mensch-metropole/impfnazi-dunja-hayali-bespuckt-und-beleidigt-li.196273, zuletzt geprüft am 23.08.2024.

Forschung & Lehre (2020): Virologen größtenteils einig über Corona-Maßnahmen. Deutscher Hochschulverband. Online verfügbar unter https://www.forschung-und-lehre.de/politik/virologen-groesstenteils-einig-ueber-corona-massnahmen-2775, zuletzt geprüft am 23.08.2024.

Franzkowiak, Peter (2022): Präventionsparadox. Online verfügbar unter https://leitbegriffe.bzga.de/alphabetisches-verzeichnis/praeventionsparadox/, zuletzt aktualisiert am 2022, zuletzt geprüft am 23.08.2024.

Gallup (2019): Wellcome Global Monitor – First Wave Findings. Online verfügbar unter https://wellcome.org/sites/default/files/wellcome-global-monitor-2018.pdf, zuletzt geprüft am 23.08.2024.

Gensing, Patrick (2021a): Wie die AfD Angst vor Impfungen schürt. Tagesschau. Online verfügbar unter https://www.tagesschau.de/faktenfinder/afd-angst-impfungen-101.html, zuletzt geprüft am 23.08.2024.

Gensing, Patrick (2021b): Ein Virus des Misstrauens. Tagesschau. Online verfügbar unter https://www.tagesschau.de/investigativ/rtde-covid-propaganda-desinformation-101.html, zuletzt geprüft am 23.08.2024.

Gensing, Patrick (2022a): „Unwissenschaftlicher Unsinn". Tagesschau. Online verfügbar unter https://www.tagesschau.de/faktenfinder/bhakdi-impfungen-corona-101.html, zuletzt geprüft am 28.08.2022.

Gensing, Patrick (2022b): Neue Gefahr durch alte Mythen. Tagesschau. Online verfügbar unter https://www.tagesschau.de/faktenfinder/ns-vergleiche-antisemitismus-103.html, zuletzt geprüft am 30.08.2022.

Hartmann, Conny (2022): Nach Online-Angriff auf Virologe Drosten: Erfurter vor Gericht verwarnt. MDR Thüringen. Online verfügbar unter https://www.mdr.de/nachrichten/thueringen/mitte-thueringen/erfurt/drosten-facebook-prozess-gericht-hass-rede-100.html, zuletzt geprüft am 29.08.2022.

Heigl, Jana (2021): „Impfstoff-Shedding": Die Angst vor dem Kontakt zu Geimpften. Bayerischer Rundfunk. Online verfügbar unter https://www.br.de/nachrichten/deutschland-welt/fr-f-impfstoff-shedding-die-angst-vor-dem-kontakt-zu-geimpften,SdE76lT, zuletzt geprüft am 23.08.2024.

Hennig, Korinna; Drosten, Christian (2020): Coronavirus-Update. Folge 43. NDR Info. Online verfügbar unter https://www.google.com/url?sa=t&rct=j&q=&esrc=s&source=web&cd=&ved=2ahUKEwi7n9fP1en5AhVZnf0HHdf8BLkQFnoECAQQAQ&url=https%3A%2F%2Fwww.ndr.de%2Fnachrichten%2Finfo%2Fcoronaskript200.pdf&usg=AOvVaw2dPCCQYALpuQ07BBIx9i1X, zuletzt geprüft am 23.08.2024.

Hossiep, Rüdiger (2019): Soziale Erwünschtheit. Dorsch Lexikon der Psychologie. Online verfügbar unter https://dorsch.hogrefe.com/stichwort/soziale-erwuenschtheit, zuletzt aktualisiert am 03.09.2019, zuletzt geprüft am 23.08.2024.

Impfdashboard (2022): Aktueller Impfstatus. Online verfügbar unter https://impfdashboard.de/, zuletzt geprüft am 23.08.2024.

Inhoffen, Lisa (2017): Alternative Heilmethoden bei Deutschen beliebt. Online verfügbar unter https://yougov.de/news/2017/07/21/alternative-heilmethoden-bei-deutschen-beliebt/, zuletzt geprüft am 23.08.2024.

Kantar Emnid (2018): Wissenschaftsbarometer 2018. Online verfügbar unter https://www.wissenschaft-im-dialog.de/projekte/wissenschaftsbarometer/wissenschaftsbarometer-2018/, zuletzt geprüft am 29.07.2022.

Kantar Emnid (2021): Wissenschaftsbarometer 2021. Online verfügbar unter https://www.wissenschaft-im-dialog.de/projekte/wissenschaftsbarometer/wissenschaftsbarometer-2021/, zuletzt geprüft am 29.07.2022.

Kehlbach, Christoph; Nordhardt, Michael-Matthias (2021): Die Pandemie und die Grundrechte. Tagesschau. Online verfügbar unter https://www.tagesschau.de/inland/corona-grundrechte-101.html, zuletzt geprüft am 29.08.2022.

Klawier, T.; Prochazka, F. (2021): Wer hat Verständnis für die ‚Querdenker'? Ergebnisse einer repräsentativen Befragung. Online verfügbar unter https://nbn-resolving.org/urn:nbn:de:gbv:547-202100583, zuletzt geprüft am 23.09.2022.

Kramliczek, Patrizia (2021a): #Faktenfuchs: Wie die AfD Corona herunterspielt. Bayerischer Rundfunk. Online verfügbar unter https://www.br.de/nachrichten/bayern/wie-die-afd-corona-herunterspielt-faktenfuchs,SVxmc6z, zuletzt geprüft am 23.08.2024.

Kramliczek, Patrizia (2021b): Gegner der Corona-Politik gründen Parteien. Online verfügbar unter https://www.br.de/nachrichten/deutschland-welt/gegner-der-corona-politik-gruenden-parteien,SbooYFp, zuletzt geprüft am 23.08.2024.

Kühn, Alexander (2020): „Ich will nicht Teil einer Kampagne sein". Spiegel Wissenschaft. Online verfügbar unter https://www.spiegel.de/wissenschaft/medizin/bild-artikel-ueber-den-virologen-drosten-ich-will-nicht-teil-einer-kampagne-sein-a-a849dfa2-9222-43c7-9321-0a8bdee3bb4a, zuletzt geprüft am 23.08.2024.

Lau, Mariam (2020): „Da waren sie ein paar Sekunden still". Zeit Online. Online verfügbar unter https://www.zeit.de/2020/37/jens-spahn-beschimpft-bespuckt-corona-politik-gegner?utm_referrer=https%3A%2F%2Fwww.google.com%2F, zuletzt geprüft am 23.08.2024.

MDR (2022): Risikopatient: „Bauchgefühl sagt, lass' dich nicht impfen". Online verfügbar unter https://www.mdr.de/nachrichten/sachsen/dresden/corona-impfung-gegner-argumente-gruende-100.html, zuletzt geprüft am 29.08.2022.

Menke, Frank (2021): „Tyrannei der Ungeimpften": Der Umgangston eskaliert. WDR. Online verfügbar unter https://www1.wdr.de/nachrichten/corona-spaltung-geimpfte-ungeimpfte-100.html, zuletzt geprüft am 30.08.2022.

Müller-Jung, Joachim (2020): Sie simulieren nur Wissenschaft. Frankfurter Allgemeine Zeitung. Online verfügbar unter https://zeitung.faz.net/faz/feuilleton/2020-08-17/2b5265446dda8edf1935e32da0119345/?GEPC=s1, zuletzt geprüft am 30.08.2022.

Paul-Ehrlich-Institut (2022): Sicherheit von COVID-19-Impfstoffen. Online verfügbar unter https://www.pei.de/DE/newsroom/dossier/coronavirus/coronavirus-inhalt.html?cms_pos=6, zuletzt geprüft am 23.08.2024.

Pew Research Center (2015): Public and Scientists' Views on Science and Society. Online verfügbar unter https://www.pewresearch.org/science/2015/01/29/public-and-scientists-views-on-science-and-society/, zuletzt geprüft am 23.08.2024.

Pompl, Moritz; Roßteuscher, Johannes (2020): #Faktenfuchs: Kann man nach Erkältungen immun gegen Corona sein? Bayerischer Rundfunk. Online verfügbar unter https://www.br.de/nachrichten/deutschland-welt/faktenfuchs-kann-man-nach-erkaeltungen-immun-gegen-corona-sein,SGtVBdb, zuletzt geprüft am 29.08.2020.

Preradovic, Milena (2020a): Impfung gegen COVID-19 sinnlos – mit Prof. Dr. Sucharit Bhakdi. Online verfügbar unter https://punkt-preradovic.com/impfung-gegen-covid-19-sinnlos-mit-prof-dr-sucharit-bhakdi/, zuletzt geprüft am 23.08.2024.

Preradovic, Milena (2020b): Coronastory 2: Kritiker unerwünscht – War der Lockdown komplett sinnlos? Online verfügbar unter https://punkt-preradovic.com/coronastory-2-kritiker-unerwuenscht-war-der-lockdown-komplett-sinnlos/, zuletzt geprüft am 23.08.2024.

Presseportal (2018): Aktuelle Studie: Deutsche wünschen sich ein Miteinander von Schulmedizin und ergänzenden Therapien. Online verfügbar unter https://www.presseportal.de/pm/59441/4047043, zuletzt geprüft am 23.08.2024.

Reidmiller, David R.; Avery, Christopher W.; Easterling, David R.; Kunkel, Kenneth E.; Lewis, Kristin L.M.; Maycock, Thomas K.; Stewart, Brooke C. (2018): Impacts, Risks, and Adaptation in the United States: The Fourth National Climate Assessment, Volume II, zuletzt geprüft am 23.09.2022.

Rietberg, Johannes; Jung, Magali; Dickreiter, Olaf; Happ, Renate; Lepper, Christoph; Baderschneider, Gabi; Seegerer, Karl (2021): An Dummheit scheiden sich die Geister. Süddeutsche Zeitung. Online verfügbar unter https://www.sueddeutsche.de/kolumne/corona-impfdebatte-an-dummheit-scheiden-sich-die-geister-1.5482894, zuletzt geprüft am 23.08.2024.

RKI (2020): März 2020: Archiv der Situationsberichte des Robert Koch-Instituts zu COVID-19 (ab 4.3.2020). Online verfügbar unter https://www.rki.de/DE/Content/InfAZ/N/Neuartiges_Coronavirus/Situationsberichte/Archiv_Maerz.html, zuletzt aktualisiert am 19.05.2020, zuletzt geprüft am 23.08.2024.

Salem, Saladin (2021): Mikrobiologe Bhakdi verbreitet irreführende Behauptungen über Immunreaktionen nach Corona-Impfungen. AFP Deutschland. Online verfügbar unter https://faktencheck.afp.com/http%253A%252F%252Fdoc.afp.com%252F9LB8L3-1, zuletzt geprüft am 28.08.2022.

Satariano, Adam; Alba, Davey (2020): Burning Cell Towers, Out of Baseless Fear They Spread the Virus. The New York Times. Online verfügbar unter https://www.nytimes.com/2020/04/10/technology/coronavirus-5g-uk.html, zuletzt geprüft am 30.08.2022.

Schepsmeier, Christian (2021): Corona: Die Impfung und das Bauchgefühl. NDR. Online verfügbar unter https://www.ndr.de/nachrichten/schleswig-holstein/coronavirus/Corona-Die-Impfung-und-das-Bauchgefuehl,impfen646.html, zuletzt geprüft am 23.08.2024.

Schmid-Petri, Hannah (2022): Frau Schmid-Petri, sind Filterblasen gefährlich? Hg. v. Universität Passau. Online verfügbar unter https://www.digital.uni-passau.de/beitraege/2022/video-interview-mit-prof-dr-hannah-schmid-petri/, zuletzt geprüft am 23.08.2024.

Schraer, Rachel; Lawrie, Eleanor (2020): Coronavirus: Scientists brand 5G claims 'complete rubbish'. BBC News. Online verfügbar unter https://www.bbc.com/news/52168096, zuletzt geprüft am 23.08.2024.

ServusTV (2020): Corona: Nur Fehlalarm? – ein Talk Spezial mit Prof. Dr. Sucharit Bhakdi. Online verfügbar unter https://www.servustv.com/aktuelles/v/aa-25fuzpcws2112/, zuletzt geprüft am 23.08.2024.

Spiegel Politik (2022): Lauterbach beklagt „gezielte Angriffe" auf Corona-Experten. Spiegel Politik. Online verfügbar unter https://www.spiegel.de/politik/deutschland/karl-lauterbach-beklagt-gezielte-angriffe-auf-corona-wissenschaftler-christian-drosten-a-1a83adf0-ea56-403b-a8dd-e50b873da306, zuletzt geprüft am 23.08.2024.

Stangl, Werner (2022): schizotypische Persönlichkeitsstörung. Online Lexikon für Psychologie und Pädagogik. Online verfügbar unter https://lexikon.stangl.eu/24263/schizotypische-persoenlichkeitsstoerung, zuletzt geprüft am 23.08.2024.

Statista (2016): Umfrage zu den Einstellungen zu alternativen Heilmethoden im Vergleich zur klassischen Schulmedizin. Online verfügbar unter https://de.statista.com/statistik/daten/studie/631869/umfrage/einstellungen-zu-alternativen-heilmethoden-im-vergleich-zur-klassischen-schulmedizin/, zuletzt geprüft am 23.08.2024.

SWR (2022): Falsche Atteste und Holocaust-Vergleich: Anklage gegen Sinsheimer „Querdenker"-Arzt Schiffmann. Online verfügbar unter https://www.swr.de/swraktuell/baden-wuerttemberg/mannheim/anklage-sinsheim-arzt-schiffmann-corona-betrugns-vergleich-100.html, zuletzt geprüft am 28.08.2022.

Thiery, Joachim (2020): Stellungnahme zur SARS-CoV2-Infektion. Dekan der Medizinischen Fakultät der CAU. Kiel. Online verfügbar unter https://www.uni-kiel.de/fileadmin/user_upload/universitaet/newsportal/corona/Stellungnahme_SARS-CoV-2-Infektion.pdf, zuletzt geprüft am 23.08.2024.

Umweltbundesamt (2016): Grundlagen des Klimawandels. Online verfügbar unter https://www.umweltbundesamt.de/themen/klima-energie/grundlagen-des-klimawandels, zuletzt geprüft am 23.08.2024.

Universität Kiel (2021): Stellungnahmen zur Publikation „Corona Fehlalarm?". Kiel. Online verfügbar unter https://www.uni-kiel.de/de/coronavirus/details/news/corona-stellungnahmen-fehlalarm, zuletzt geprüft am 23.08.2024.

Uscinski, Joseph E.; Enders, Adam (2020): The Coronavirus Conspiracy Boom. The Atlantic. Online verfügbar unter https://www.theatlantic.com/health/archive/2020/04/what-can-coronavirus-tell-us-about-conspiracy-theories/610894/, zuletzt geprüft am 23.08.2024.

Watzke, Michael (2021): Wissenschaftler, die Corona leugnen. Online verfügbar unter https://www.deutschlandfunk.de/corona-pandemie-wissenschaftler-die-corona-leugnen-100.html, zuletzt geprüft am 23.08.2024.

Zuckerman, Ethan (2017): Fake News is a red herring. Hg. v. www.dw.com. Online verfügbar unter https://p.dw.com/p/2WNSz, zuletzt geprüft am 23.08.2024.